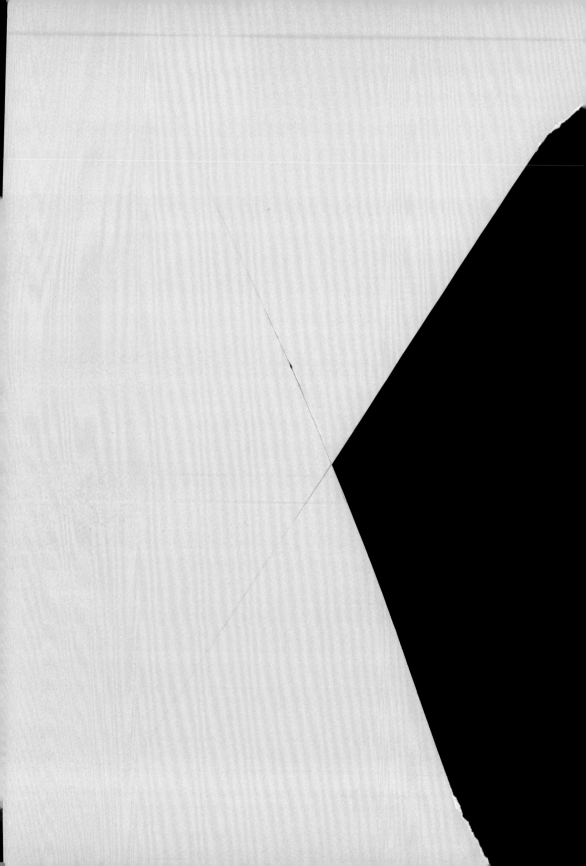

Photoshop
新手操作指南

去背、修圖、合成等
基礎技巧懶人包

Contents

006　本書使用說明

007　Photoshop 常用快捷鍵介紹

CHAPTER

01

Photoshop 的基本

PHOTOSHOP BASICS

010　開啟檔案方法與介面介紹

010　開啟圖檔

012　新建空白文件

014　介面介紹

016　Photoshop 的存檔及轉出方法

016　儲存檔案

018　另存新檔

019　轉存為

020　儲存為網頁用

021　批次轉檔

026　Photoshop 的基本操作介紹

026　設定工作環境

026　　新增工作區

028　　重設工作區

029　　將工作區設定成預設狀態

030　　刪除工作區

032　在文件中置入圖檔

032　　「檔案」置入

033　　直接拖曳至文件中

034　文件的基本操作

034　　將空白文件填滿顏色

036　　移動文件區

037　　縮放文件區

039　影像調整的基本操作

039　　移動照片

040　　縮放照片

041　　旋轉照片

042　影像檔案的相關知識

042　　調整影像尺寸

043　　色彩模式說明

044　圖層說明

046　　將兩個以上的圖層變成群組

047　　重新命名圖層

048　改變圖層順序

049　複製圖層到不同文件

051　雙色調說明

052　步驟記錄

CHAPTER

02

簡易的影像處理操作

BASIC IMAGE PROCESSING

054　**去背的方法**

054　選取工具

　　055　矩形

　　060　橢圓形

063　套索工具

　　064　多邊形套索工具

　　066　磁性套索工具

067　快速選取工具

069　魔術棒工具

070　顏色範圍

072　鋼筆工具

075　圖層遮色片

080　**調整照片色調的方法**

080　破壞性換色方法

　　080　色相／飽和度

　　081　取代顏色

083　非破壞性換色方法

　　083　色相／飽和度

　　084　自然飽和度

086　**調整照片明暗的方法**

086　亮度／對比

087　色階

088　曲線

090　**簡易的筆刷及樣式運用**

090　要如何在照片上做出光線？

093　要如何在照片上做出水滴？

105　要如何在照片上做出撕裂感？

110　如何製作簡易紙膠帶素材？

CHAPTER

03

影像的編修

IMAGE EDITING

116　**編修人像**

117　如何修改人像的髮色？

120　要如何將臉上的瑕疵（黑眼圈、
　　　青春痘、雀斑、疤痕等）消除得
　　　自然一點？

　　120　仿製印章工具

　　122　汙點修復筆刷工具

　　123　修復筆刷工具

　　124　內容感知

　　126　內容感知填色

　　128　修補工具

130　如果照片中的人物瞳孔呈現亮紅
　　　色，該如何調整？

131　如果想幫照片裡的人物瘦臉或瘦
　　　身，該怎麼做？

133　如何使人的皮膚產生更亮白的美
　　　肌效果？

135　該怎麼讓照片中的人物，不會因
　　　為調整照片的整體長寬，而跟著
　　　被拉長或拉扁？

138　要怎麼編修出有空氣感的人物照片？

142　如何加強黑白照片的對比？

144　**編修景物**

145　如何將拍歪的景物「轉正」？

　　145　尺標工具

　　146　裁切工具

148　如何切掉照片邊緣不要的部分？

149　如何將斜側面拍攝的方形物件，
　　　調整成像正面拍攝的模樣？

151　該如何將仰角拍攝的建築物，修
　　　改成正視（平視）角度的照片？

　　151　鏡頭校正

　　154　Camera Raw 濾鏡

156　如何修改長條狀物件的彎曲程度
　　　或狀態？

159　如何移動或複製照片中的物件？

　　159　移動

　　161　複製

163　如何製造出照片的景深效果？

CHAPTER

影像的合成

IMAGE SYNTHESIS

168 **基礎合成**

169 如何將圖片或 Logo 合成到其他物件上？

173 要如何將照片中人物的臉部，換成別人的五官？

178 如何將多張照片，整齊排列在同一個畫面裡？

183 能將多張分次拍攝的風景照合併成一張超廣角的風景照嗎？

186 如何將連續拍攝的多張照片，製作成 GIF 動畫？

196 要如何將平面的照片，製作成漂浮的拍立得相片效果？

202 該怎麼製作照片四周較暗、中間較亮的效果？

205 如何讓照片呈現復古的效果？

208 要如何在照片上，製作出有特殊材質或紋路效果的文字？

212 要怎麼在照片上，製作出有立體感及陰影的文字？

216 如何在照片上加文字後，讓文字看起來和照片中的人或物交錯在一起？

220 要如何在照片裡增加相似色系的幾何圖形？

222 如何將 A 照片的人物合成到 B 照片的背景裡，並製作出合理的影子？

226 要如何將文字融入背景？

230 要如何製作出水面倒影？

237 要如何製作出冒煙的效果？

242 要如何製作出火焰？

245 **製作特殊效果**

246 要如何把照片製作成普普藝術的風格？

253 要怎麼把人物照片製作成有對話框的漫畫風格？

259 要怎麼製作出素描的風格？

265 要怎麼將照片中的物件製作成多邊形？

272 要如何製作出像黑白電影般的效果？

278 如何在陰天或雨後的照片中，製作正在下雨的效果？

283 如何將在雪景的照片中，製作正在下雪的效果？

289 如何讓風景照只出現在指定物件的範圍裡？

291 如何將人物照和風景照，有漸層感的重疊在同一個畫面中？

本書使用說明

[INSTRUCTIONS for USE]

▨ 內文結構說明

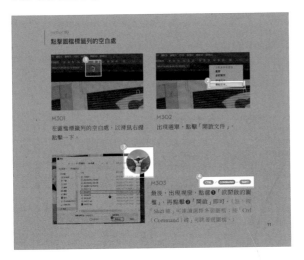

❶ 滑鼠點擊處，會有游標示意。

❷ 在步驟操作處，會以紅框標示。

❸ 該步驟完成圖，或有變異階段，會放置圓形小圖展示。

❹ 步驟中有使用到的快捷鍵，會在文字上方放置小圖示。

▨ 其他說明

⇒ 本書對應版本為Photoshop CC（2018 Windows版本、2021 Mac版本），功能、位置等會因各版本不同而有差異。

⇒ 書中所教的內容，並非所有版本都能操作。

Photoshop常用快捷鍵介紹

[COMMON SHORTCUT KEYS for Photoshop]

若能將常用功能的快捷鍵背起來，並應用在修圖上，就能節省使用者的時間，增加修圖的效率。

但因Photoshop的快捷鍵在Windows系統和MacOS系統上並不完全相同，詳細請參考以下表格。

⌘ = Command

應用程式 選單	常用快捷鍵的 功能	Windows 系統	MacOS 系統	備註
檔案	結束Photoshop	Ctrl+Q	⌘+Q	
	開啟新檔	Ctrl+N	⌘+N	
	開啟舊檔	Ctrl+O	⌘+O	
	關閉檔案	Ctrl+W	⌘+W	
	儲存檔案	Ctrl+S	⌘+S	
	另存新檔	Shift+Ctrl+S	Shift+⌘+S	
	列印	Ctrl+P	⌘+P	
編輯	還原上 一個步驟	Ctrl+Z	⌘+Z	
	重做	Shift+Ctrl+Z	Shift+⌘+Z	「還原」後 「重做」
	剪下	Ctrl+X	⌘+X	
	拷貝	Ctrl+C	⌘+C	
	貼上	Ctrl+V	⌘+V	
	任意變形	Ctrl+T	⌘+T	
影像	影像尺寸	Alt+Ctrl+I	Option+⌘+I	
	版面尺寸	Alt+Ctrl+C	Option+⌘+C	
圖層	新增圖層	Shift+Ctrl+N	Shift+⌘+N	

應用程式選單	常用快捷鍵的功能	Windows 系統	MacOS 系統	備註
圖層	拷貝圖層	Ctrl+J	⌘+J	複製+貼上圖層
	建立剪裁遮色片	Control+Alt+G	⌘+Option+G	
	群組圖層	Ctrl+G	⌘+G	
	解散群組圖層	Shift+Ctrl+G	Shift+⌘+G	
	向下合併圖層	Ctrl+E	⌘+E	
	合併可見圖層	Control+Shift+E	⌘+Shift+E	
選取	全部	Ctrl+A	⌘+A	
	複製圖層	Ctrl+C	⌘+C	使用「全部」之後才能使用
	貼上圖層	Ctrl+V	⌘+V	
	取消選取範圍	Ctrl+D	⌘+D	
	重新選取	Shift+Ctrl+D	Shift+⌘+D	
	反轉選取	Shift+Ctrl+I	Shift+⌘+I	
檢視	放大顯示	Ctrl+	⌘+	
	縮小顯示	Ctrl-	⌘-	
	顯示全頁	Ctrl+0	⌘+0	
	將文件顯示區縮放至100%的大小	Ctrl+1	⌘+1	
	尺標	Ctrl+R	⌘+R	
	將滑鼠切換成手形工具	空白鍵	空白鍵	
其他	增加筆刷大小	[	[	
	減少筆刷大小	]	]	
	填滿前景色	Alt+Delete	Option+Delete	
	填滿背景色	Ctrl+Delete	⌘+Delete	
	交換前景色和背景色	X	X	

Feathering : 0 pixel　　And-aliasing　　Mode : Normal

chapter_01.psd @ 100% (RGB/8)*

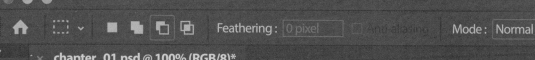

01

chapter

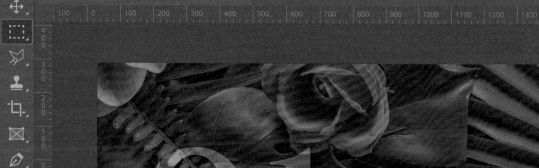

Photoshop Basics

Photoshop的
基本

100%　2811 pixel x 5941 pixel (300dpi)

開啟檔案方法
與介面介紹

開啟圖檔　新建空白文件　介面介紹

[ARTICLE. 01]

TOPICS 01 ## 開啟圖檔

想在Photoshop直接開啟圖檔的方法共有4種,以下說明。

method **01**

點擊「開啟」

此方法適用剛進入Photoshop,若已開啟至少一張圖檔時,則須改採用其他方法開啟圖檔。

M101

開啟Photoshop後,點擊「開啟」。

M102

出現視窗,點擊欲開啟的圖檔。

M103

最後,點擊「開啟」即可。

點擊「開啟舊檔」

M201

點擊❶「檔案」，出現下拉式選單後，點擊❷「開啟舊檔」。

M202 `CTRL` / `COMMAND` or `SHIFT`

最後，出現視窗，點選❶「欲開啟的圖檔」，再點擊❷「開啟」即可。（註：按「Shift鍵」可連續選擇多張圖檔；按「Ctrl（Command）鍵」可跳著選圖檔。）

點擊圖檔標籤列的空白處

M301

在圖檔標籤列的空白處，以滑鼠右鍵點擊一下。

M302

出現選單，點擊「開啟文件」。

M303 `CTRL` / `COMMAND` or `SHIFT`

最後，出現視窗，點選❶「欲開啟的圖檔」，再點擊❷「開啟」即可。（註：按「Shift鍵」可連續選擇多張圖檔；按「Ctrl（Command）鍵」可跳著選圖檔。）

直接拖曳圖檔

M401

開啟圖檔所在位置的資料夾。

M402 `CTRL` / `COMMAND` or `SHIFT`

出現視窗，點選欲開啟的圖檔。（註：按「Shift鍵」可連續選擇多張圖檔；按「Ctrl（Command）鍵」可跳著選圖檔。）

M403

最後，將步驟 **M402** 選擇的圖檔拖曳至 Photoshop 圖檔標籤列的空白處即可。（註：須出現藍色的「＋複製」，否則會拖曳進已開啟的圖檔中。）

TOPICS 02 # 新建空白文件

可使用Photoshop內建尺寸或自訂尺寸的方式新建空白文件。

01 ▸

開啟 Photoshop 後，點擊「新建」。

02 ▶

出現視窗。

❶點選欲新建的尺寸，跳至步驟10。（註：
若是使用者有自訂過尺寸，也會出現
在此區域內。）

❷可自訂尺寸，跳至步驟3。

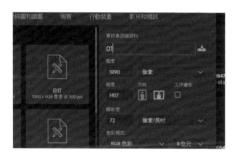

03 ▶

輸入新文件的名稱。

04 ▶

輸入新文件的❶「寬度」後，輸入
❷「高度」。

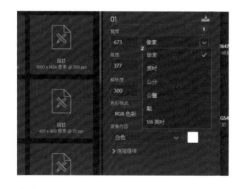

05 ▶

點擊單位的❶「▾」，出現下拉式選
單，可點擊❷「欲使用的長度及寬
度單位」。

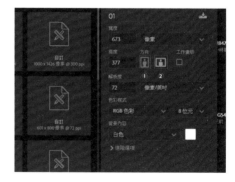

06 ▶

可自行選擇新文件為❶「直式」或
❷「橫式」。

07 ▶

輸入新文件的解析度。

08 ▶

點擊色彩模式的❶「▾」，出現下拉
式選單後，可點擊❷「欲使用的色
彩模式」。

09 ▶

點擊背景內容的❶「▾」，出現下拉式
選單後，可點擊❷「欲使用的文件背
景顏色」。

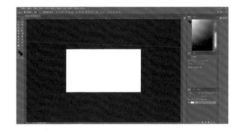

10 ▶

點擊「建立」。

11 ▶

如圖，新文件建立完成。

TOPICS 03 **介面介紹**

　　在新增空白文件或匯入圖檔後，Photoshop會呈現以下畫面，而Photoshop
的介面大致可分為五個區塊，以下分別介紹。

❶ 導覽列

點擊導覽列的選項後，會出現對應的下拉式選單，使用者可從選單中選擇欲使用的功能，例如：另存新檔、套用濾鏡效果、開啟面板視窗等。

❷ 工具列

使用者可選擇要使用哪一種工具進行修圖或後製的位置，且若工具右下角有「◢」的符號，代表使用者可先長按該工具（或以滑鼠左鍵點擊），再從選單中選擇想使用的其他工具。

❸ 工具的功能列表

為點擊 ❷「工具列」中的工具後，出現相對應的功能項目，使用者能藉此進行細部調整，例如：若選擇筆刷工具後，此處會出現調整筆刷的樣式、大小、不透明度等對應該工具的項目。

❹ 工作區

為空白文件或照片匯入後所在的位置，若使用者想編修或後製圖片，都是在此位置進行編輯。

❺ 面板區

當使用者點擊 ❶「導覽列」中的「視窗」選單的任一個功能後，該功能的視窗就會出現在此區域，包含 Photoshop 中常用的「圖層」視窗也位於此區域。（註：在對圖片進行任何編輯前，須先點擊欲編輯的圖層，否則會編輯到錯誤的圖層，或因沒選到任何圖層，而無法進行編輯。）

Photoshop 的存檔及轉出方法

儲存檔案　另存新檔　轉存為　儲存為網頁用　批次轉檔

［ ARTICLE. 02 ］

Photoshop在輸出時有不同的模式，可依存檔、轉存等不同需求，選擇對應的模式。

儲存檔案

常用輸出格式　PSD。

主要功能
為儲存Photoshop原始編輯檔，保留圖層和編輯能力。

另存新檔

常用輸出格式
JPEG、PNG、TIFF、PDF等。

主要功能
可將編修完的檔案，另存為各式檔案格式。

轉存為

常用輸出格式
JPEG、PNG、GIF等。

主要功能
可將編修完的檔案，或圖檔轉換為其他圖檔格式，並可在轉存時設定影像及版面尺寸。

儲存為網頁用

常用輸出格式
JPEG、PNG、GIF等。

主要功能
將圖像儲存為網頁能讀取的格式，以便在網頁上顯示和載入；若要轉存動畫，也須使用此轉檔模式。

TOPICS 01　儲存檔案

若是對已開啟的檔案進行編修，按快捷鍵「Ctrl（Command）+S」，或點選「檔案」▶「儲存」，就可儲存檔案。

若是文件已進行儲存檔案的操作後，要另外備存一份編輯檔時，就須操作「另存新檔」（P.18）的步驟。

01 ▸

點擊❶「檔案」；出現下拉式選單後，點擊❷「儲存檔案」。

02 ▸

出現視窗，輸入❶「檔名」，確認存檔類型為❷「Photoshop(*.PSD;*.PDD;*.PSDT)」後，點擊❸「存檔」。（註：存檔位置可依需求自行選擇。）

03 ▸

出現視窗，點擊「確定」。

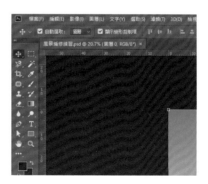

04 ▸

如圖，文件名稱變成步驟2輸入的檔名，以及副檔名變成psd。

另存新檔

點選「檔案」▸「另存新檔」，就可將開啟的文件另存為JPEG、PNG、TIFF、PDF等不同的檔案格式。

01 ▸

點擊❶「檔案」；出現下拉式選單後，點擊❷「另存檔案」。

02 ▸

出現視窗，輸入檔名。（註：存檔位置可依需求自行選擇。）

03 ▸

點擊存檔類型的❶「∨」出現下拉式選單後，點擊❷「JPEG(*.JPG;*.JPEG;*.JPE)」。（註：存檔類型可依需求自行選擇。）

04 ▸

點擊「存檔」。

05 ▸

出現視窗，選擇❶「欲儲存的影像品質」後，點擊❷「確定」。

轉存為

此功能可在轉存時設定影像尺寸及版面尺寸，藉此縮放圖檔。

點選「檔案」▶「轉存」▶「轉存為」，就可將開啟的文件轉存為JPEG、PNG、GIF等不同的檔案格式。

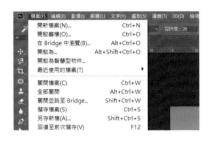

01 ▸

點擊「檔案」，出現下拉式選單。

02 ▸

先點擊❶「轉存」，出現選單，點擊❷「轉存為」。

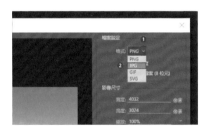

03 ▸

出現視窗，點擊格式的❶「　」，出現下拉式選單，點擊❷「JPG」。

04 ▸

設定影像尺寸。（註：系統預設為強制等比例，故只須輸入寬度或高度其中一欄；版面尺寸也會同步更改。）

05 ▸

點擊「全部轉存」。

06 ▶

出現視窗，輸入❶「檔名」；點擊存檔類型的❷「∨」，出現下拉式選單，系統已鎖定為步驟3選擇的檔案格式。（註：存檔位置可依需求自行選擇。）

07 ▶

最後，點擊「存檔」即可。

TOPICS 04 **儲存為網頁用**

　　此功能在轉存圖檔時，會自動將解析度設為96dpi，為一般網頁能接納的解析度；而在設定影像尺寸時，可預視轉出的檔案大小，以確保有符合欲上傳平台的規格（如右圖）。

01 ▶

點擊「檔案」，出現下拉式選單。

02 ▶

點擊❶「轉存」，出現選單，點擊❷「儲存為網頁用」。

03 ▸

出現視窗，點擊格式的❶「☑」，可選擇❷「欲轉出的檔案格式」。（註：系統預設為 JPG。）

04 ▸

點擊品質的❶「☑」後，移動❷「△」，可設定影像的品質。

05 ▸

設定影像尺寸。（註：系統預設為強制等比例，故只須輸入寬度或高度其中一欄。）

06 ▸

最後，點擊「儲存」即可。

批次轉檔

　　當使用者需要對多張照片進行相同的修圖或調整動作時，就可用批次轉檔的方式製作，而批次轉檔的進行方式是❶先將要進行的動作儲存起來，❷再將儲存好的動作統一套用在其他多張照片上，以下說明。

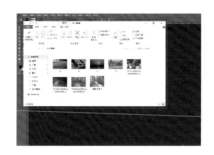

01 ▶

點開欲進行批次轉檔的資料夾。
（註：若檔案分散在各處，則須先
將照片放入同一個資料夾。）

02 ▶

從步驟1的資料夾中，任意匯
入一張圖檔。

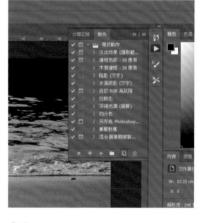

03 ▶

先點擊❶「視窗」，出現下拉式
選單後，點擊❷「動作」。

04 ▶

出現視窗，點擊「▣」，為**新增
動作**。

05 ▶

出現視窗，先在名稱欄位輸入❶
「新動作的名稱」，再點擊❷「記
錄」。（註：此處會以「將照片改
成 CMYK 色彩，以及將影像寬度改
成 1000 像素」作為批次處理的新動
作範例。）

06 ▸

點擊「影像」，出現下拉式選單。

07 ▸

點擊❶「模式」，出現選單，點擊❷「CMYK 色彩」。

08 ▸

出現視窗，點擊「確定」。

09 ▸

先點擊❶「影像」，出現下拉式選單後，點擊❷「影像尺寸」。

10 ▸

出現視窗，先在寬度欄位輸入❶「1000」，再點擊❷「確定」。（註：因點選「🔗」，故在輸入寬度或長度任一欄位的尺寸時，系統會自動輸入等比例的數值。）

11 ▸

使用快捷鍵 Ctrl（Command）+S後，出現儲存視窗，點擊「確定」。（註：可自行決定是否調整影像品質。）

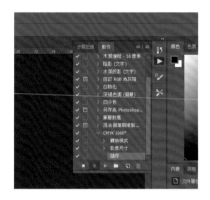

12 ▶

點擊「■」，為**停止錄製動作**，並會將步驟6-11的操作打包成一組動作。

13 ▶

點擊「檔案」，出現下拉式選單。

14 ▶

點擊❶「自動」，出現選單，點擊❷「批次處理」。

15 ▶

出現視窗，先點擊動作的❶「▼」，出現下拉式選單後，點擊步驟5設定的❷「動作名稱」。

16 ▶

先點擊來源的❶「▼」，出現下拉式選單後，點擊❷「檔案夾」。

17 ▶

點擊「選擇」。

18 ▶

出現視窗,先點擊步驟1建立的
❶「資料夾」後,點擊❷「確定」。

19 ▶

若步驟1的資料夾內有子資料
夾,就須勾選「包括全部的次檔
案夾」,系統會將檔案夾內的圖
檔進行處理。

20 ▶

先點擊目的地的❶「☑」,出現
下拉式選單後,點擊❷「儲存
和關閉」。(註:「儲存和關閉」
代表處理過的圖檔會覆蓋原始圖
檔;「檔案夾」則須指定儲存的檔
案夾,圖檔會另存新檔。)

21

最後,點擊「確定」,系統會開始
進行批次處理,直至系統畫面停
止運作時即可。(註:系統在進行
批次轉檔時,無法進行其他操作。若
檔案量較大,建議可在不使用電腦
時,或使用另一台電腦進行操作。)

Photoshop 的
基本操作介紹

設定工作環境　置入圖檔　文件操作　影像操作　影像知識　圖層說明　雙色調說明　步驟記錄

| ARTICLE. 03 |

TOPICS 01 設定工作環境

使用者可自行設定在操作 Photoshop 時的工作環境，將工具列、面板的位置
設定成自己喜歡或習慣使用的環境，以下說明。

▶ 新增工作區

將習慣或順手的工作環境新增成工作區的好處，在於未來有人不小心更動到
自己設定的面板位置時，可以快速將工作區還原成自己設定好的工作區環境。

01 ▶

進入 Photoshop 的工作環境，點
擊「▶▶」。

02 ▶

工具列會改成並排顯示。

03 ▶

長按欲更換位置的面板。（註：此處以顏色面板為例。）

04 ▶

承步驟3，以滑鼠左鍵將面板拖曳至欲放置的位置。

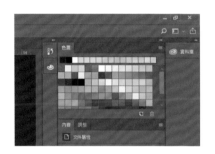

05 ▶

面板位置更換完成。

06 ▶

將工作區更換成使用者欲設定的位置後，點擊「▢✓」。

07 ▶

出現選單，點擊「新增工作區」。

08 ▶

出現視窗，輸入新工作區的名稱。（註：可依個人習慣命名。）

09 ▸

勾選有更改過設定的項目。(註：
若只有更改面板位置，就不用勾
選。)

10 ▸

點擊「儲存檔案」。

11 ▸

再次點擊「▣▾」。

12 ▸

選單中出現步驟8設定的工作
區名稱，即完成新增工作區的
設定。

▸ 重設工作區

若不小心動到工作區的設定，可操作以下步驟，重新設定工作區。

01 ▸

操作時，不小心動到工作區的面板
位置。(註：此處以TRY工作區為
例。)

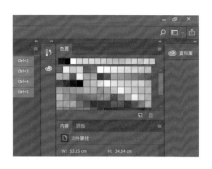

02 ▶

點擊「 ▢ ✓ 」。

03 ▶

出現選單，點擊「重設 TRY」。
（註：選項的名稱會隨工作區名稱
不同而變化，若新增的工作區名
稱為 01，則會顯示「重設 01」。）

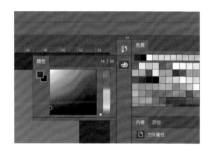

04 ▶

如圖，TRY 工作區還原成最初的
設定。

▶ 將工作區設定成預設狀態

若想將工作環境還原成 Photoshop 最初的預設狀態，可操作以下步驟。

01 ▶

進入 Photoshop 的工作環境，再
點擊「 ▢ ✓ 」。

02 ▶

出現選單，點擊「基本功能」。

03 ▸

點擊「▣∨」。

04 ▸

出現選單，點擊「重設基本功能」。

05 ▸

如圖，將工作區設定成預設狀態。

▸ 刪除工作區

若想刪除曾新增的工作區，可操作以下步驟。

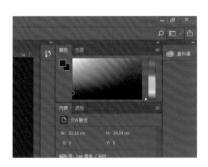

01 ▸

進入 Photoshop 的工作環境，再
點擊「▣∨」。

02 ▸

出現選單，點擊「刪除工作區」。
（註：欲刪除的工作區不可為使用
中的工作區，否則無法刪除。）

03 ▸

出現視窗，點擊工作區的「☑」。

04 ▸

出現下拉式選單，點擊欲刪除
的工作區。（註：此處以 TRY 為
例；選項中標示為「使用中」的工
作區，無法被選擇。）

05 ▸

點擊「刪除」。

06 ▸

出現視窗，點擊「是」。

07 ▸

再次點擊「☐ ☑」。

08 ▸

如圖，TRY 工作區已刪除。

TOPICS 02 **在文件中置入圖檔**

　　在同一個文件中置入圖檔時，都會產生新圖層；使用者也可在新增圖層後，再置入圖檔，以讓圖檔置入指定的圖層位置。以下藉由「在空白文件中置入圖檔」來說明方法。（註：新建空白文件的步驟請參考 P.12。）

▶ **「檔案」置入**

01 ▶

新建空白文件，先點擊❶「檔案」，出現下拉式選單後，點擊❷「置入嵌入的物件」。

02 ▶

跳出視窗，先點擊❶「欲置入圖檔」後，點擊❷「置入」。

03 ▶

圖檔置入後，會進入可編輯狀態，可運用控制點，進行簡易調整，例如：移動位置、縮放大小、旋轉等。

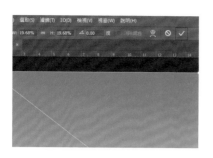

04 ▸

初步調整好照片的狀態後，點
擊「☑」。（註：若尚不須調整，
可直接按「☑」。）

05 ▸

如圖，照片置入完成。

▸ 直接拖曳至文件中

01 ▸

開啟圖檔所在位置的視窗，並按
住欲置入的圖檔。

02 ▸

承步驟1，將圖檔拖曳至空白的
文件中。

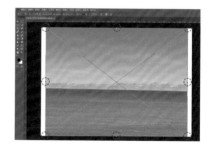

03 ▸

圖檔置入後，會進入可編輯狀
態，可運用控制點，進行簡易
調整，例如：移動位置、縮放
大小、旋轉等。

04 ▸
初步調整好照片的狀態後，點
擊「☑」。（註：若尚不須調整，
可直接按「☑」。）

05 ▸
如圖，照片置入完成。

TOPICS 03 **文件的基本操作**

在操作 Photoshop 文件時，可先學會填滿顏色、移動文件區域及縮放文件區
域，以便查看及處理圖檔。

▸ **將空白文件填滿顏色**

若想將空白文件填滿顏色，可先透過檢色器選好前景色及背景色的顏色
後，再用快捷鍵填滿整個文件，以下說明。

01 ▸
新建空白文件。（註：新建空白
文件的步驟，請參考 P.12。）

02 ▸
可點擊 ❶ 前景色或 ❷ 背景色的
檢色器。
method 01　用前景色填滿。
method 02　用背景色填滿。

用前景色填滿

M1O1

點擊前景色的檢色器。

M1O2

出現視窗，點擊 ❶「欲填滿文件的顏色」，點擊 ❷「確定」。

M1O3　　　　　　　ALT / OPTION + DELETE

使用快捷鍵 Alt（Option）+Delete，即可用前景色填滿空白文件。

用背景色填滿

M2O1

點擊背景色的檢色器。

M2O2

出現視窗，點擊 ❶「欲填滿文件的顏色」，點擊 ❷「確定」。

M203　

使用快捷鍵 Ctrl（Command）+Delete，
即可用背景色填滿空白文件。

▸ 移動文件區

當圖檔被放大到超過文件區的大小時，可運用手形工具移動圖檔，以下說明。

method 01
選擇手形工具

M101

若圖檔被放大到超過文件區，且想移
動圖檔呈現的位置時，點擊「🖐」，為
手形工具。

M102

游標「▯」會變成手形「🖐」圖案，此
時可直接以滑鼠左鍵拖曳圖檔，即可
移動圖檔位置。

用快捷鍵切換手形工具

M201　空白鍵

若圖檔被放大到超過文件區，且想移動圖檔呈現的位置時，可按住「空白鍵」，游標「▷」會變成手形「🖑」圖案。

M202

持續按住空白鍵，並以滑鼠左鍵拖曳圖檔至所須位置。（註：放開空白鍵，就會從手形「🖑」切換回原本的工具。）

▶ 縮放文件區

　　若想縮小或放大文件區，可選擇使用放大鏡工具、快捷鍵或Alt（Option）鍵搭配滑鼠滾輪的方式，進行縮小或放大的動作，以下說明。

以放大鏡工具縮放

M101

匯入圖檔後，點擊「🔍」，為放大鏡工具。

M102

點擊「🔍」，為**放大功能**。

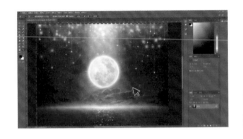

M103

點擊照片，即可放大。

M104

若欲縮小文件區，點擊「🔍」，為**縮小功能**。

M105

點擊照片，即可縮小。

---

method **02**

以快捷鍵縮放

M201　　　　　　CTRL／COMMAND＋⊕

匯入圖檔後，使用快捷鍵Ctrl（Command）＋，即可放大照片。

M202　　　　　　CTRL／COMMAND＋⊖

使用快捷鍵Ctrl（Command）－，即可縮小照片。

method 03

以Alt（Option）鍵搭配滑鼠滾輪縮放

M301

匯入圖檔後，按住「Alt（Option）鍵」，
並將滑鼠滾輪往上滾，即可放大圖檔。

M302

按住「Alt（Option）鍵」，並將滑鼠滾
輪往下滾，即可縮小圖檔。

TOPICS 04　**影像調整的基本操作**

▸ **移動照片**

01 ▸

先點選欲調整圖層，再使用快捷鍵Ctrl
（Command）+T，使照片進入可編輯狀
態。（註：也可使用「🔁」，為移動工具。）

02 ▸

以滑鼠左鍵將照片移動到欲擺放的新位
置。

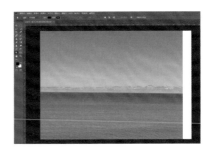

03 ▸

點擊「✓」。（註：若使用「✛」，來移動照片，在文件空白處點擊右鍵後，即可清除控制點。）

04 ▸

如圖，照片移動完成。（註：若要進行其他調整，可先不按「✓」，以維持可編輯狀態。）

▸ 縮放照片

01 ▸　　　　　　　　　**CTRL** / **COMMAND** + **T**

先點選❶「欲調整圖層」，再使用快捷鍵❷Ctrl（Command）+T，在照片四角、四邊會顯示出「⌐」和「□」的控制點，即進入可編輯狀態。（註：也可使用「✛」，為移動工具，進入可編輯狀態。）

02 ▸　　　　**ALT** / **OPTION** or **SHIFT**

承步驟1，拖曳控制點，調整照片大小。（註：按「Alt（Option）鍵」，照片會從中心點縮放；按「Shift鍵」可等比例縮放照片；也可同時按「Alt（Option）鍵」和「Shift鍵」讓照片從中心點等比例縮放。）

03 ▸

點擊「✓」，確認修改完成。

04 ▸

如圖，照片縮放完成。

▸ 旋轉照片

01 ▸

先點選❶「欲調整圖層」，再使用
快捷鍵❷Ctrl（Command）+T，在
照片四角、四邊會顯示出「『」和
「□」的控制點，即進入可編輯狀
態。（註：也可使用「✛」，為移動
工具，進入可編輯狀態。）

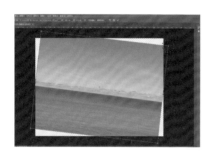

02 ▸

將滑鼠移動到任一控制點側邊，
滑鼠符號變成「↰」後，再按住滑
鼠左鍵，即可旋轉照片。（註：旋
轉照片時，會出現旋轉的角度；若要
固定角度旋轉，可按「Shift 鍵」。）

03 ▸

點擊「✓」，確認修改完成。

04 ▸

如圖，照片旋轉完成。（註：若要
呈現出完整照片，可縮小照片，否
則會如同上圖，超出文件邊界處，
會被裁切掉。）

影像檔案的相關知識

在進行整影像編修前，要先知道影像尺寸、解析度、色彩模式的概念。

▶ **調整影像尺寸**

影像的尺寸和解析度能運用「影像尺寸」的功能調整，但不管是放大或縮小，都須先釐清輸出後，是要放在網頁、印刷等哪種媒體，因縮小影像尺寸通常不會降低品質，但放大影像尺寸易導致模糊或馬賽克。

01 ▶

匯入圖檔後，點擊❶「影像」，出現下拉式選單後，點擊❷「影像尺寸」。

02 ▶

❶ 內有常見的尺寸可挑選。

❷ 為強制等比例，若取消則能個別設定寬度和高度，但易導致影像變形。

❸ 可輸入寬度和高度，若有按強制等比例的「🔗」，在輸入寬度或高度其中一欄位時，系統會自動變換數值。

❹ 為影像原始的解析度，一般網頁解析度為72dpi；印刷所須解析度為300dpi。

❺ 可設定調整影像時的單位。

❻ 若要放大影像，可運用「減少雜訊」的功能，保留細節、降低雜訊。

❼ 設定完成後，按「確定」，即完成影像修改。

▸ 色彩模式說明

　　為影像的「顏色表現方式」，其中CMYK、RGB和灰階較為常用，以下說明，另須注意，在做影像調整時，有些濾鏡須在「RGB」模式下才可操作，若須使用「CMYK」模式的圖檔，可在調整完成後，再調整模式，並輸出圖檔。

CMYK

顏色組成　青色（Cyan）、洋紅色（Magenta）、黃色（Yellow）、黑色（Key）。

主要用途　書籍、傳單、海報、宣傳冊等印刷品。

RGB

顏色組成　紅色（Red）、綠色（Green）、藍色（Blue）。

主要用途　網頁設計、數位影像等數位媒體。

灰階

顏色組成　黑、白、灰。

主要用途　黑白圖檔、藝術效果等特定的單色影像處理。

　　而調整及設定色彩模式的方式如下。

可在新增文件時，設定色彩模式。

匯入影像時調整色彩模式；路徑為：
影像 ▸ 模式 ▸ 色彩模式。

圖層說明

在Photoshop中建立影像、文字、形狀等不同元素時，都會建立一個新的圖層，藉由圖層的堆疊、圖層的鎖定及隱藏，分別管理及編修影像，以產生不同的影像效果。

若圖層量較大，也可群組管理圖層，讓使用者在編修影像時能更為順手。以下簡單說明圖層概念。

獨立編輯

可獨立編輯各個圖層。

順序

圖層的順序，決定各元素顯現的順序。

覆蓋

若兩個圖層重疊，上方的圖層會覆蓋下方的圖層。

配搭效果

可搭配濾鏡、遮色片等不同功能，製造出不同效果。

可見性

藉由隱藏或顯示圖層，控制影像最終顯現的結果。

Photoshop中，圖層面板是常用的介面，圖層除了能讓不同元素疊放、獨立編輯各圖層外，還能應用不同濾鏡、效果，再搭配圖層顯示、隱藏等各式功能，控制最終呈現的影像效果。以下簡單說明圖層面板。

❶圖層種類

因圖層分為影像、文字、形狀等不同圖層種類，可藉由此功能，篩選出欲編修的圖層。

❷開啟／關閉圖層濾鏡

可分類欲開啟及關閉的圖層。

❸不透明度

可調整指定圖層的不透明度，數值越低，圖層或影像的可見程度越不清晰。

❹ 鎖定

可鎖定及解除指定圖層。

❺ 隱藏及顯示圖層

可藉由關閉「👁」隱藏圖層；若要顯現圖層，則再同位置點擊「◼」，即會顯示圖層。

❻ 已有圖層

顯示出目前已有圖層，而圖層的順序，則會影響在畫面中的覆蓋順序，越上層代表在整體畫面的越上面，所以可藉由移動圖層順序，調整影像的整體呈現。

❼ 連結／解除連結圖層

當圖層連結時，對其中一個圖層進行移動、縮放、變形等操作時，其他連結的圖層會同步進行操作；當解除圖層連結時，就會變回獨立的圖層，可單獨操作。

❽ 新增圖層樣式

可藉由圖層樣式，設定陰影、外光暈等樣式，替影像製造出不同的效果。

❾ 新增圖層遮色片

可藉由圖層遮色片，搭配筆刷設定影像的隱藏及顯現位置，因在遮色片中，「黑色」代表隱藏，「白色」代表顯現；此外也可藉由調整「灰階的比例」，讓影像有不透明的效果。

❿ 新建填色或調整圖層

可建立純色、漸層等填色圖層外，還能對圖層進行亮度、色相等調整。

⓫ 新增群組

可新增群組，並將既有圖層分類。

⓬ 新增圖層

可新增空白圖層。

⓭ 刪除圖層

可刪除指定圖層。

▶ 將兩個以上的圖層變成群組

在後製影像時，每做一項調整，系統就會新增一個圖層，所以若使用者在處理複雜的後製時，就需要將圖層群組化。

而在設定群組時，藉由將「群組名稱重新命名」的方式，在分類大量圖層時，能更為清楚和明確。

透過將相關圖層放在同一個群組中，除了能找到特定效果的圖層外，也能更有效的管理圖層。

01 ▶ CTRL / COMMAND or SHIFT

按住「Ctrl（Command）鍵」，並點擊欲製成群組的圖層。（註：按「Ctrl（Command）鍵」可跳著選圖層，按住「Shift鍵」可連續選擇圖層。）

02 ▶

點擊「▢」，為建立新群組。

03 ▶

群組建立完成，點擊「❯」。

04 ▶

可查看群組內包含哪些圖層。

▶ 重新命名圖層

在開啟第一張影像時，系統會預設為「背景」；之後在同一個文件開啟的影像，則會以「原本圖檔編號」命名，指開啟的影像編號為PC1000，則圖層名稱也為PC1000。但若是新增圖層時，系統則會以「圖層1、圖層2、圖層3」流水號的方式命名。

而若在單一文件內有大量圖層，在進行影像編修時，易找不到欲編修的圖層。所以，會建議使用者依照功能、用途等，將圖層重新命名外，也能運用群組分類，讓後續在操作時，會更加順手。

01 ▶

匯入圖檔後，以滑鼠左鍵，在「圖層名稱」位置快速點擊兩次。（註：若點擊到圖層空白處，會出現圖層樣式。）

02 ▶

圖層名稱變成可編輯狀態。

03 ▶　ENTER

輸入圖層名稱，將圖層重新命名後，按下「Enter鍵」。（註：若有設定群組，同樣可操作步驟1-3，重新命名群組。）

04 ▶

如圖，圖層重新命名完成。

　　圖層的順序，會決定個元素顯現的順序，所以越上方的圖層，代表在畫面中越前面的位置。所以當圖層位置重疊時，下方圖層的物件會被上方圖層的物件覆蓋。

01 ▶

匯入兩張圖檔，產生兩個圖層。

02 ▶

點擊「🔒」，將背景圖層解鎖。（註：須解鎖圖層，才能進行編輯。）

03 ▶

長按欲移動順序的圖層。

04 ▶

承步驟3，拖曳圖層至欲擺放的位置。

05 ▶

如圖，圖層順序改變完成，原先在上方的豬圖檔消失。

06 ▶

可透過調降上方圖層的透明度顯示被覆蓋的下方圖層。

▶ 複製圖層到不同文件

在複製圖層時，至少需兩個文件以上，才能將文件A的圖層，複製到文件B操作；但若只有一個文件，則可運用「新增文件」的方式，將指定圖層複製到另一個文件中進行操作。而將圖層從一個文件複製、貼上到另一個文件內的方法，以下說明。

method 01

從選單複製圖層

M101

在欲複製的圖層上點擊滑鼠右鍵。

M102

出現選單，點擊「複製圖層」。

M103

系統預設圖層名稱為原始圖層名稱加拷貝，可輸入欲更名的圖層名稱。

M104

先點擊文件的❶「 ∨ 」，出現下拉式選單後，點擊欲貼上的❷「指定文件」位置。（註：若只有單一文件，可點擊❸「新增」，以新增文件。）

M105

點擊「確定」。

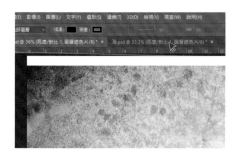

M106

點擊步驟M104的指定文件。

M107

圖層已複製、貼上完成。

---

method **02**

用快捷鍵複製圖層

M201　　　

先點擊欲複製的圖層，再使用快捷鍵
Ctrl（Command）+C。

M202

點擊欲貼上的指定文件。

M203　　　

使用快捷鍵Ctrl（Command）+V後，即
貼上圖層。

雙色調說明

　　若是使用灰階照片，而在印刷是使用套色的模式時，就可點選「影像」▶「模式」▶「雙色調」，藉此調整照片的對比及層次感。

　　但若照片原本為彩色，則需點選「影像」▶「模式」▶「灰階」，將照片先調整為黑白照片。

01 ▶

匯入照片後，點擊❶「影像」；出現下拉式選單後，點擊❷「模式」，再點擊❸「雙色調」。

02 ▶

跳出視窗，點擊類型的❶「▼」，出現選單，點擊類型的❷「雙色調」。

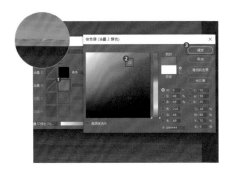

03 ▶

點擊油墨2的❶「■」，出現視窗，點擊類型的❷「欲使用顏色」後，點擊❸「確定」。（註：調整顏色時，油墨2的框位，會自動改色。）

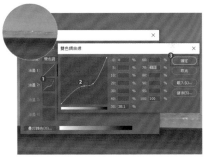

04 ▶

點擊油墨2的❶「◢」，出現視窗，可藉由調整❷「錨點」，調整照片的濃度後，點擊❸「確定」。（註：點擊曲線時，會自動產生錨點；而油墨2的曲線框位，也會跟著變更。）

步驟記錄

當使用者編修照片時，若發現做錯步驟，可使用「步驟記錄」的功能，將照片回復到欲重做的地方後，再重新編修。

但此方法僅適用於做錯步驟後，且還未關閉 Photoshop 檔案時。因步驟記錄的功能只會記錄當次開啟檔案後的操作動作，所以若使用者已將檔案關閉，步驟記錄就會被清空，無法再以此方法回復到指定步驟，以下說明。

01 ▸

匯入照片，並對圖檔進行編修。

02 ▸

先點擊 ❶「視窗」，再點擊 ❷「步驟記錄」。

03 ▸

出現視窗，此時最下方的步驟為最近一次的操作步驟。

04 ▸

最後，點擊欲將照片回復到的步驟位置即可。

Feathering: 0 pixel　Anti-aliasing　Mode: Normal

chapter_02.psd @ 100% (RGB/8)*

02

chapter

Basic Image Processing

簡易的
影像處理操作

100%　9216 pixel x 6144 pixel (300dpi)

去背的方法

選取工具　　套索工具　　快速選取工具　　魔術棒工具　　顏色範圍　　鋼筆工具　　圖層遮色片

[ARTICLE. 01]

TOPICS 01 ## 選取工具

可依照物件不同的型態，選擇適合的選取工具。

選取形狀：矩形

method 01

連續選取多個矩形範圍並去背（P.55）

BEFORE

AFTER

method 02

一次選取一個矩形範圍並去背（P.56）

BEFORE

AFTER

選取形狀：橢圓形

method 01

選取正圓形並去背（P.60）

BEFORE

AFTER

method 02

選取橢圓形並去背（P.62）

BEFORE

AFTER

▶ 矩形

method 01

連續選取多個矩形範圍並去背

　　當欲去背多個矩形物體，且物體的形狀沒有因拍攝角度傾斜而變形時，即可使用矩形選取工具中的「增加至選取範圍」模式，一次選取多個物件並進行去背，以下說明步驟。

M101

匯入照片後，點擊「▦」，為**矩形選取畫面工具**。

M102

點擊「◰」，為**增加至選取範圍**的模式。

M103

以滑鼠左鍵在欲去背處，拉出矩形範圍。

M104

放開滑鼠左鍵，會出現黑白相交的虛線矩形。

M105

重複步驟M103-M104，選取其他欲去背物件。

M106 CTRL / COMMAND + C

先點擊❶「編輯」，出現下拉式選單後；點擊❷「拷貝」。也可使用快捷鍵Ctrl（Command）+C。

M107 CTRL / COMMAND + V

先點擊❶「編輯」，出現下拉式選單後，點擊❷「貼上」。也可使用快捷鍵Ctrl（Command）+V。（註：可使用Ctrl（Command）+J，等於同時操作複製和貼上。）

M108

出現只有選取範圍的新圖層。

M109

最後，點擊圖層0的「👁」，關閉圖層0即可。

method 02

一次選取一個矩形範圍並去背

當欲去背多個矩形物體，但物件的形狀因拍攝角度而變形時，就須使用矩形選取工具中的「新增選取範圍」模式，以下說明步驟。

M201

匯入照片後，點擊「▭」，為矩形選取畫面工具。

M2O2

點擊「■」，為「**新增選取範圍**」模式。

M2O3 CTRL / COMMAND + +

使用快捷鍵Ctrl（Command）+，將照片放大，以便進行去背。

M2O4

以滑鼠左鍵在欲去背處，拉出矩形範圍後，放開滑鼠左鍵，會出現黑白相交的虛線矩形。

M2O5

在選取範圍內，點擊❶「滑鼠右鍵」，出現選單後，點擊❷「變形選取範圍」。

M2O6 CTRL / COMMAND

出現「□」，為**控制點**，再按住「Ctrl（Command）鍵」，使滑鼠游標變成白色箭頭。

M2O7

承步驟M206，以白色箭頭移動「□」，即可調整選取的範圍。

M208

重複步驟 M206-M207，選取範圍調整完成。

M209 ENTER

點擊「☑」，以確認變形，也可直接按「Enter 鍵」。

M210 CTRL / COMMAND + J

使用快捷鍵 Ctrl（Command）+J，直接拷貝及貼上圖層。

M211

圖層 1 拷貝及貼上完成。

M212

先點擊背景圖層，再重複步驟 M201-M202，分別選取其他欲去背的物件。

M213

重複步驟 M203-M211，共選取完四個物件，並去背完成。

M214

使用快捷鍵 Ctrl（Command）－，將照片縮小，並點擊背景圖層的「👁」，以便確認整體去背狀態。

M215

分別將四個物件去背完成後，再進行圖層合併的操作。

M216

點擊圖層1。

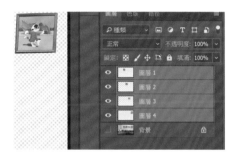

M217 SHIFT

承步驟 M216，按住「Shift 鍵」，再點擊圖層4，以選取圖層1～圖層4。

M218

在選取的圖層上，點擊❶「滑鼠右鍵」，出現選單後，點擊❷「合併圖層」。

M219

最後，確認圖層合併無誤即可。

▶ 橢圓形

method 01

選取正圓形並去背

若欲去背的範圍為正圓形，以下說明步驟。

M101

匯入照片後，長按「▦」，出現選單。

（註：系統預設為矩形選取畫面工具。）

M102

點擊「橢圓形選取畫面工具」。

M103 `SHIFT`

按住滑鼠左鍵及「Shift 鍵」，拉出圓形後，放開滑鼠左鍵，會出現虛線圓形。

（註：按住「Shift 鍵」會使圖形等比例。）

M104

在選取範圍內點擊❶「滑鼠右鍵」，出現選單後，點擊❷「變形選取範圍」。

M105

出現「□」，為**控制點**。

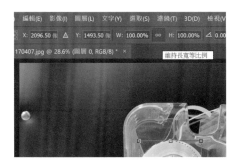

M106

點擊「⚭」，以在變形時維持圓形的等比例。（註：也可按「Shift鍵」等比例縮放。）

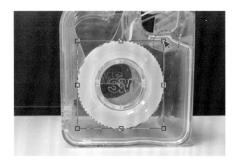

M107

以滑鼠左鍵拉放「□」，並調整圓形的位置，直到符合選取範圍的物件大小。

M108　　　　　　　　　　`ENTER`

點擊「✓」，以確認變形，也可直接按「Enter鍵」。

M109　　　`CTRL` / `COMMAND` + `J`

使用快捷鍵Ctrl（Command）+J，直接拷貝及貼上圖層。

M110

出現只有選取範圍的新圖層。

M111

最後，點擊圖層0的「👁」，關閉圖層0即可。

選取橢圓形並去背

若欲去背的範圍為橢圓形，以下説明步驟。

M201

匯入照片後，長按❶「▦」，出現選單，點擊❷「橢圓形選取畫面工具」。

M202

按住滑鼠左鍵，拉出橢圓形後，放開滑鼠左鍵，會出現虛線橢圓形。

M203

以滑鼠左鍵將橢圓形移動到欲去背的物件上。

M204

在選取範圍內點擊❶「滑鼠右鍵」，出現選單後，❷點擊「變形選取範圍」。

M205

出現「□」，為**控制點**，以滑鼠左鍵拉放「□」，直到符合選取範圍的物件大小。

M206

點擊「☑」，以確認變形，也可直接按「Enter 鍵」。

M207

使用快捷鍵 Ctrl（Command）+J，直接拷貝及貼上圖層。

M208

出現只有選取範圍的新圖層。

M209

最後，點擊背景圖層的「👁」，關閉背景圖層即可。

TOPICS 02 套索工具

可依據物件型態、對比等不同條件，選擇適合的套索工具。

多邊形套索工具

選取方形、菱形等有稜角的圖形。（P.64）

BEFORE

AFTER

磁性套索工具

選取物件與背景有強烈對比，或有明顯差異。（P.66）

BEFORE

AFTER

若欲選取的去背物件為三角形、正方形等以直線構成的多邊形，就可使用「多邊形套索工具」進行選取並去背，以下說明步驟。

01 ▶

匯入照片後，使用快捷鍵Ctrl（Command）+，將照片放大，以便選取物件。

02 ▶

長按「◯」，出現選單。（註：系統預設為套索工具。）

03 ▶

點擊「多邊形套索工具」。

04 ▶

點擊「欲選取物件」的邊緣，即為選取範圍的起點，為 A 點。

05 ▶

承步驟4，沿著「欲選取物件」的邊緣點擊。（註：可依物件形狀決定分次點擊的次數。）

06 ▸

重複步驟5，持續沿著物件邊緣點擊。
(註：若選取過程中不小心點錯位置，可按
「Backspace鍵」或「Delete鍵」，回到上一
點擊位置；若想全部重新選取，可按「Esc
鍵」。)

07 ▸

重複步驟5，持續沿著物件邊緣點擊至
尾端，並再次點擊A點的位置後，即完
成選取。

08 ▸　　　　　　　　CTRL / COMMAND + J

形成虛線的選取範圍後，使用快捷鍵
Ctrl（Command）+J，直接拷貝及貼上
圖層。

09 ▸

出現只有選取範圍的新圖層。

10 ▸

最後，點擊背景圖層的「👁」，以關閉
背景圖層即可。

▶ 磁性套索工具

　　當欲去背的物件和背景色的對比強烈，或是兩者有明顯差異時，就適合使用「磁性套索工具」進行選取及去背，以下說明步驟。

01 ▶

匯入照片後，長按「」，出現選單。
（註：系統預設為套索工具。）

02 ▶

點擊「磁性套索工具」。

03 ▶

點擊「欲選取物件」的邊緣，即為選取範圍的起點，為 A 點。

04 ▶

將滑鼠游標沿著「欲選取物件」的邊緣慢慢移動，磁性套索工具會自動辨識出物件邊緣。（註：若有無法自動辨識處，可直接點擊欲選取的位置後，再繼續進行自動辨識。）

05 ▶

重複步驟 4，持續沿著物件邊緣移動至物件尾端，並再次點擊 A 點的位置後，即完成選取。

06 ▸

形成虛線的選取範圍後，使用快捷鍵 Ctrl（Command）+J，直接拷貝及貼上圖層。

07 ▸

出現只有選取範圍的新圖層。

08 ▸

最後，點擊背景圖層的「👁」，以關閉背景圖層即可。

TOPICS 03 快速選取工具

當欲去背的物件與背景的顏色有差異，且背景的顏色單純或相近時，即可使用「快速選取工具」進行背景的選取及去背，以下說明步驟。

完成圖。

01 ▸

匯入照片後，點擊「✏」，為**快速選取工具**。

02 ▶

承步驟1，以滑鼠左鍵❶「點擊照片背景」，並避開不須去除的物件。（註：此時上方工具列會顯示❷「🔲」，為「增加至選取範圍」的模式。）

03 ▶

待杯子外圍選取完後，選取杯子握把內的背景。

04 ▶

在選取範圍內，點擊❶「滑鼠右鍵」，出現選單後，點擊❷「反轉選取」，使選取範圍變成杯子本身。

05 ▶

使用快捷鍵 Ctrl（Command）+J，直接拷貝及貼上圖層。

06 ▶

出現只有選取範圍的新圖層。

07 ▸

最後，點擊背景圖層的「」，以關閉背景圖層即可。

TOPICS 04 魔術棒工具

當欲去背物體的背景顏色為單一顏色，且物件邊緣有明顯區隔時，即可使用魔術棒工具進行選取及去背，以下說明步驟。

完成圖。

01 ▸

匯入照片後，點擊「 」，為**魔術棒工具**。

02 ▸

點擊背景的任一位置，系統會一次選取該區域且為同顏色的區域；若有不同區域，則須分次點擊。（註：若背景有一種以上的顏色，也須分次點擊，例如：天秤下的陰影。）

03 ▸

選取完成後，在選取範圍內，點擊❶「滑鼠右鍵」，出現選單後，點擊❷「反轉選取」，使選取範圍變成物件本身。

04 ▶

使用快捷鍵 Ctrl（Command）+J，直接
拷貝及貼上圖層。

05 ▶

出現只有選取範圍的新圖層。

06 ▶

最後，點擊背景圖層的「」，以關閉背
景圖層即可。

TOPICS 05 **顏色範圍**

　　若只想選取照片中特定「一種顏色」的範圍，可使用「顏色範圍」進行選取，
以下說明步驟。

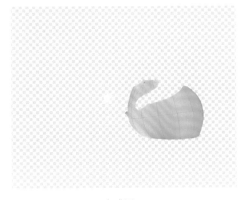

完成圖。

01 ▶

匯入照片，先點擊❶「選取」，出現下
拉式選單後；點擊❷「顏色範圍」。

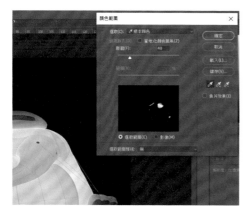

02 ▸

出現視窗，點擊「🖋」。（註：將視窗位置移出照片外，以在調整時能預覽。）

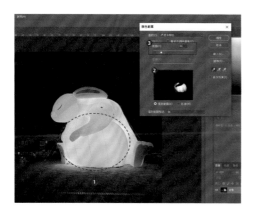

03 ▸

點擊照片上 ❶「欲選取的顏色」，視窗會顯示出 ❷「目前已選取的範圍」。（註：此處以黃色為例；可運用 ❸「朦朧」的數值調整顏色範圍，數值越高選取範圍越多。）

04 ▸

點擊「🖋」，為增加至樣本模式，可增加欲選取的範圍。（註：若要減少，則要點擊「🖋」。）

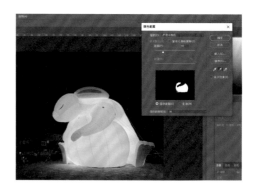

05 ▸

持續點擊照片上的黃色區域，使選取範圍更完整。（註：點擊時須避開沒有要選取的顏色及範圍。）

06 ▶

點擊「確定」。

07 ▶　　　　　CTRL / COMMAND + J

黃色區域選取完成後，使用快捷鍵 Ctrl
（Command）+J，直接拷貝及貼上圖層。

08 ▶

出現只有選取範圍的新圖層。

09 ▶

最後，點擊背景圖層的「👁」，以關閉
背景圖層即可。

TOPICS 06 **鋼筆工具**

運用鋼筆工具可較精確的選取物件並去背，以下說明步驟。

完成圖。

01 ▶

匯入照片。

02 ▸

點擊「 ![筆型工具] 」，為**筆型工具**。

03 ▸　　　　　　　　　　　**CTRL** / **COMMAND** + ➕

使用快捷鍵 Ctrl（Command）+，將照片放大，點擊「欲選取物件」的邊緣，即為選取範圍的起點，為 A 點。

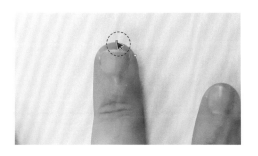

04 ▸

沿著物件邊緣點擊，並長按不放。（註：若點擊後直接放開滑鼠左鍵，而沒有長按並拖曳，就會形成直線段。）

05 ▸

承步驟4，拖曳滑鼠左鍵，使線段變成弧線。

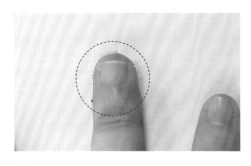

06 ▸

重複步驟4-5，繼續在物體邊緣點擊滑鼠左鍵，直到線段或弧線包圍物件。

07 ▸

重複步驟4-5，持續沿著物體邊緣點擊至尾端，並再次點擊 A 點的位置後，即完成選取。

73

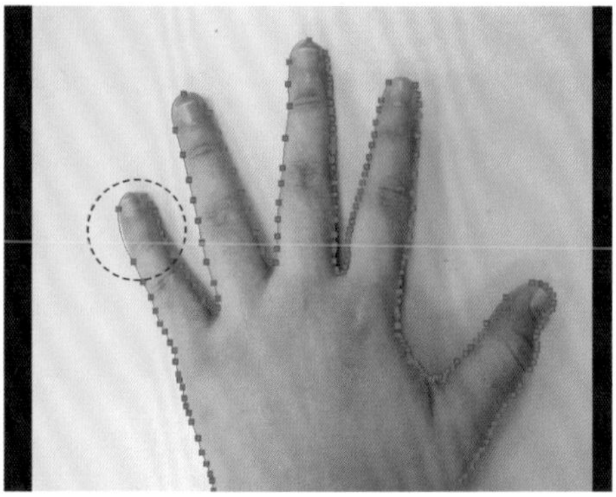

08 ▸

初步選出的範圍若有小瑕疵，可進入步驟9進行調整。（註：若無須調整，可跳至步驟12。）

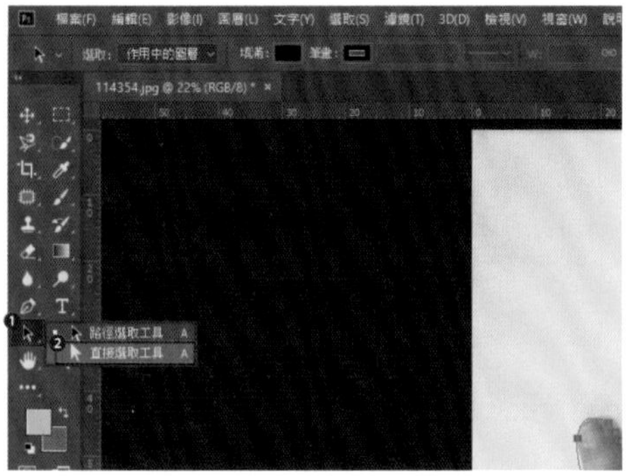

09 ▸

長按❶「▶」，出現選單，點擊❷「直接選取工具」。

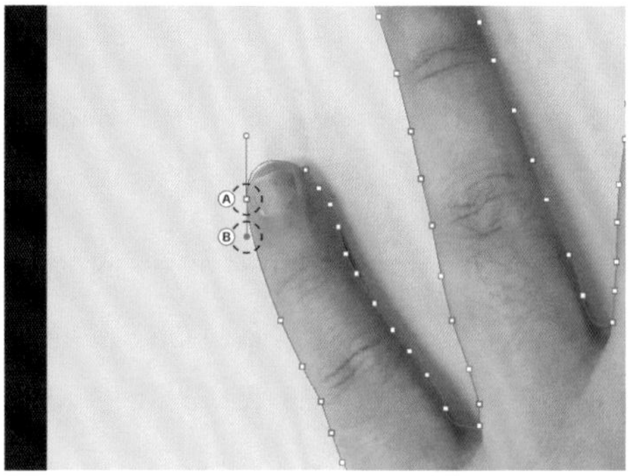

10 ▸

可透過移動Ⓐ「□」錨點或Ⓑ「○」手把的位置，調整出理想的範圍。

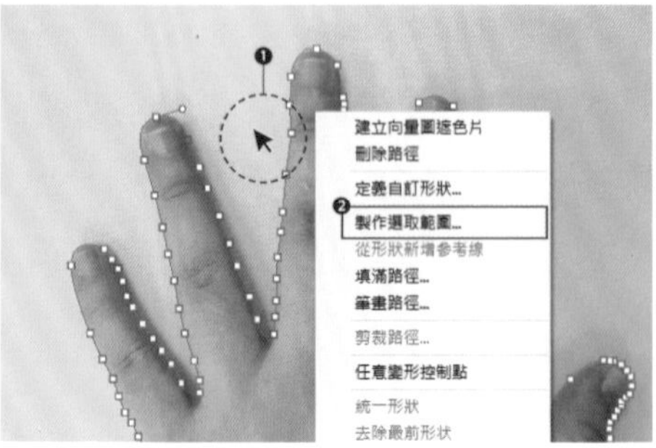

11 ▸

在選取範圍內，點擊❶「滑鼠右鍵」，出現選單後，點擊❷「製作選取範圍」。

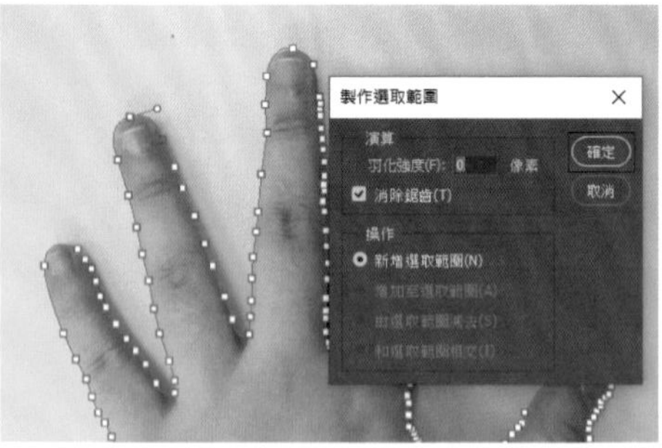

12 ▸

出現視窗，點擊「確定」。

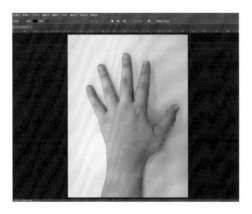

13 ▸

使用快捷鍵Ctrl（Command）+J，直接拷貝及貼上圖層。

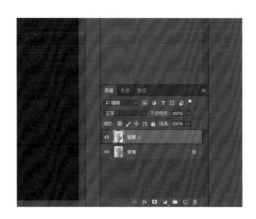

14 ▸

出現只有選取範圍的新圖層。

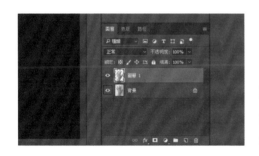

15 ▸

最後，點擊背景圖層的「👁」，以關閉背景圖層即可。

TOPICS 07 # 圖層遮色片

　　在選取去背時欲保留的物件後，與直接用快捷鍵Ctrl（Command）+J（直接拷貝及貼上圖層）相比，改用圖層遮色片的方式去背，不僅不會破壞原本的照片，還可在去背後，用筆刷工具及遮色片的進階功能，繼續調整去背的範圍，使物件在去背後，邊緣不會變成不自然的鋸齒狀，以下說明步驟。

完成圖。

01 ▸

匯入照片,點擊「」,以魔術棒工具
(P.69)選取背景,並點擊「反轉選取」
使選取範圍變人物。(註:可依物件的
性質,使用不同的選取方式。)

02 ▸

點擊「▣」,為增加遮色片,以建立向
量圖層遮色片。

03 ▸

人物初步去背完成。

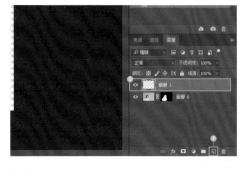

04 ▸

點擊❶「回」,以建立❷「新圖層」。

05 ▸

點擊「■」,為前景色。

06 ▸

出現視窗,先選擇❶「顏色」,再點擊
❷「確定」。(註:❶的顏色須與原先照
片的背景色不同,並能凸顯去背人物。)

07 ▸

使用快捷鍵 Alt（Option）+Delete，將新圖層填滿前景色。

08 ▸

將新圖層移動到人物圖層下方後，可發現初步去背的瑕疵。

09 ▸

點擊「 」，為遮色片。（註：須點選在遮色片上，否則以下進行的步驟會變成筆刷工具的上色功能。）

10 ▸

點擊❶「 」，為筆刷工具，並確認❷「前景色為黑色」。（註：以遮色片來說，黑色是隱藏物件、白色是顯現物件。）

11 ▸

以筆刷塗抹背景，以調整去背範圍。（註：因是點選在人物圖層的遮色片上，所以會隱藏人物的背景。）

12 ▸

點擊「 」，使前景色與背景色互換顏色。

13 ▶

確認前景色為白色，並點選人物圖層的遮色片。

14 ▶

以筆刷塗抹人物的邊緣，以調整去背範圍。（註：因是點選在人物圖層的遮色片上，所以會顯現人物的背景。）

15 ▶

先點擊❶「選取」，出現下拉式選單後，點擊❷「選取並遮住」。

16 ▶

出現遮色片的進階功能介面，點擊檢視的❶「▾」，出現下拉式選單，點擊❷「以圖層為底」。

17 ▶

拖曳「調移邊緣」的拉桿，可使選取範圍的邊緣向外擴張或向內收縮。（註：負數代表向內收縮，代表選取範圍往人物內縮小。）

18▸

拖曳「對比」的拉桿,可使選取範圍的邊緣更銳利。(註:雖然提高對比可使人物邊緣更清楚,但也易使人物邊緣出現不自然的鋸齒狀。)

19▸

拖曳「平滑」的拉桿,可使選取範圍的邊緣線條更圓滑。(註:雖然提高平滑可消除人物邊緣的鋸齒狀,但若邊緣過度平滑,易露出欲去掉的背景。)

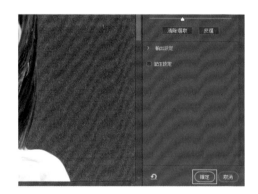

20▸

調整完成後,點擊「確定」。

21▸

最後,點擊圖層1的「 👁 」,關閉1即可。

調整照片色調的方法

破壞性換色方法　非破壞性換色方法

TOPICS 01　破壞性換色方法

　　破壞性換色方法為「直接在照片（背景圖層）上改色」，此種換色方法會使照片無法恢復到尚未換色前的原始狀態，因此若要使用此方法調整照片色調，建議額外備份照片原檔，或另外複製照片進行調整，以下將介紹兩種方法。

method **01**

色相 / 飽和度（P.80）

BEFORE

AFTER

method **02**

取代顏色（P.81）

BEFORE

AFTER

　　另須注意的是，因換色後就無法復原，所以此方法較適合用在「已確定要將照片調整成何種色調」時使用；若想先多方嘗試不同的色調，再從中挑選定案，建議使用非破壞性換色方法（P.83）。

method **01**

色相 / 飽和度

M101

匯入照片，並用快速選取工具，選取欲換色的範圍。（註：快速選取工具請參考P.67。）

M102

先點擊❶「影像」，出現下拉式選單後；
點擊❷「調整」。

M103

出現選單，點擊「色相／飽和度」。

M104

出現視窗，可透過色相的滑桿或輸入
數值，以調整顏色。

M105

最後，可透過飽和度的滑桿或輸入數
值，調整顏色的濃度後，點擊「確定」
即可。

method 02

取代顏色

M201 CTRL / COMMAND + J

匯 入 照 片， 使 用 快 捷 鍵 Ctrl
（Command）+J，直接拷貝及貼上圖
層，作為備用。

M202

先點擊❶「影像」，出現下拉式選單後；
點擊❷「調整」。

M203

出現選單，點擊「取代顏色」。

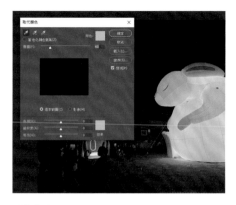

M204

出現視窗，點擊「📷」。（註：將視窗位置移出照片外，以在調整時能預覽。）

M205

點擊照片上 ❶「欲選取的顏色」，視窗會顯示出 ❷「目前已選取的範圍」。（註：此處以黃色為例。）

M206

點擊「📷」，為**增加至樣本模式**，可增加欲選取的範圍。（註：若要減少，則要點擊「📷」。）

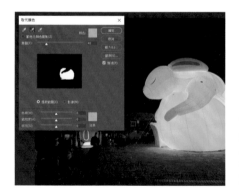

M207

持續點擊照片上的黃色區域，使選取範圍更完整。（註：點擊時須避開沒有要選取的顏色及範圍。）

M208

可透過色相的滑桿或輸入數值，調整顏色。

M209

最後，點擊「確定」即可。

TOPICS 02
非破壞性換色方法

非破壞性換色方法為在「建立新填色或調整的圖層」上進行顏色的調整，並不會使照片（背景圖層）本身受到修改或破壞。另外，此種換色方法還有一項優點是，可以隨時進行編輯、隨時更換顏色，以下將介紹兩種方法。

method 01

色相 / 飽和度（P.83）

BEFORE

AFTER

method 02

自然飽和度（P.84）

BEFORE

AFTER

method 01

色相 / 飽和度

M101

匯入照片。

M102

用快速選取工具，選取欲換色的範圍。
（註：快速選取工具請參考 P.67。）

M103

點擊「🔳」，為建立新填色或調整圖層。

M104

出現選單，點擊「色相／飽和度」。

M105

出現內容面板，可透過色相的滑桿或輸入數值，調整顏色。

M106

最後，透過飽和度的滑桿或輸入數值，調整顏色即可。

---

method **02**

自然飽和度

以下將運用自然飽和度的調整，製作只有局部呈現色彩的照片。

M201

匯入照片。

M202

點擊「🔳」，為建立新填色或調整圖層。

M203

出現選單，點擊「自然飽和度」後，系統會出現圖層遮色片。

M204

出現內容面板，可透過自然飽和度的
滑桿或輸入數值，將數值降至最低。

M205

可透過飽和度的滑桿或輸入數值，將
數值降至最低。

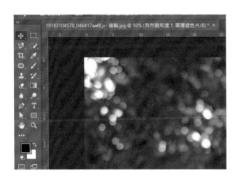

M206

確認前景色為黑色。（註：以遮色片來
說，黑色是隱藏物件、白色是顯現物
件。）

M207

點擊「✏」，為**筆刷工具**，並確認操作
位置在自然飽和度的圖層遮色片上。

M208

以筆刷塗抹欲呈現色彩的位置。（註：
因是點選在自然飽和度的圖層遮色片
上，所以會隱藏遮色片。）

M209

最後，重複步驟M208，將欲呈現色彩
的位置塗抹完成即可。

調整照片明暗的方法

亮度／對比　　色階　　曲線

[ARTICLE. 03]

TOPICS 01　亮度／對比

BEFORE　　　　　　　　　　　　　　AFTER

01 ▸

匯入照片。

02 ▸

點擊「 ◎ 」，為建立新填色或調整圖層。

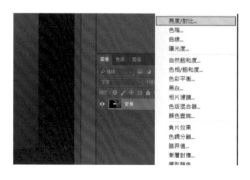

03 ▸

出現選單，點擊「亮度／對比」。

04 ▶

出現內容面板，可透過亮度的滑桿或輸入數值，調整照片的明暗。

05 ▶

最後，透過對比的滑桿或輸入數值，調整照片亮部和暗部的亮度差距即可。

TOPICS 02 **色階**

BEFORE

AFTER

01 ▶

匯入照片。

02 ▶

點擊「 ▣ 」，為建立新填色或調整圖層。

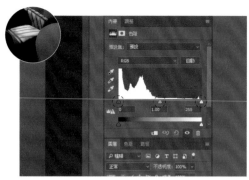

03 ▶

出現選單，點擊「色階」。

04 ▶

出現內容面板，運用滑鼠左鍵點擊並移動「◤」、「◢」或「△」的位置。

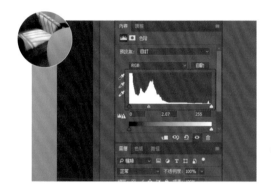

05 ▶

最後，調整至需要的亮度即可。

曲線

BEFORE

AFTER

01 ▶

匯入照片。

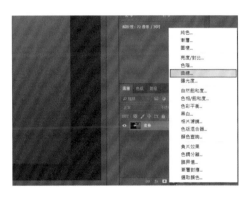

02 ▶

點擊「◢」，為建立新填色或調整圖層。

03 ▶

出現選單，點擊「曲線」。

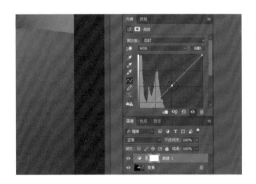

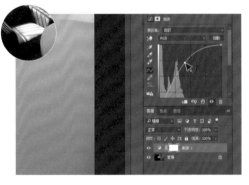

04 ▶

出現內容面板，在白色線上點擊一下，出現「■」，為**錨點**。（註：可點擊多個位置，以製作出多個錨點。）

05 ▶

最後，運用滑鼠左鍵點擊錨點後，拖曳至想要的位置即可。（註：照片的明暗會隨著曲線的不同而產生變化。）

簡易的筆刷及
樣式運用

光線　水滴　撕裂感　紙膠帶素材

[ARTICLE. 04]

TOPICS 01 要如何在照片上做出光線？

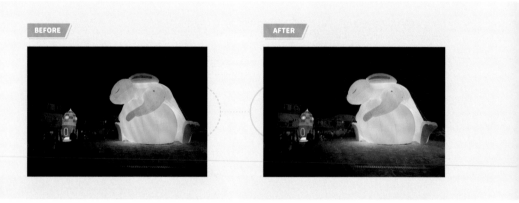

BEFORE　　AFTER

01 ▶

匯入照片，點擊「」，以新增
空白圖層。

02 ▶

點擊「圖層1」。

03 ▶

先點擊混合模式的❶「　」，出現下拉式選單後，點擊❷「覆蓋」。

04 ▶

點擊「　」，為筆刷工具。

05 ▶

點擊「　」，為前景色的檢色器。

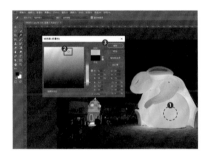

06 ▶

出現視窗，先點擊❶「月亮燈籠」，檢色器自動跳至❷「黃色」，再點擊❸「確定」。（註：出現此視窗時，用滑鼠左鍵點擊照片時，可吸取照片上的顏色。）

07 ▶

以筆刷塗抹月亮燈籠及周圍地面，即可製作出黃色光線。

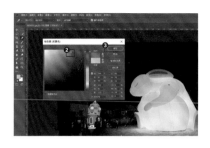

08 ▸

重複步驟5-6，先點擊❶「火箭燈籠」，檢色器自動跳至❷「粉色」，再點擊❸「確定」。

09 ▸

以筆刷塗抹火箭燈籠及周圍，即可製作出粉紅色光線。

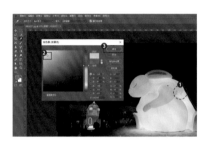

10 ▸

重複步驟5-6，先點擊❶「兔子燈籠」，檢色器自動跳至❷「淺藍色」，再點擊❸「確定」。

11 ▸

以筆刷塗抹兔子燈籠及周圍，即可製作出淺藍色光線。

12 ▸

點擊不透明度的「∨」。

13 ▸

最後，拖曳滑桿，調低圖層1的透明度，使燈籠的細節不會被製作出的光線完全遮住即可。

要如何在照片上做出水滴？

BEFORE

AFTER

01 ▸

匯入照片後，點擊 ❶「濾鏡」，出現下拉式選單後，點擊 ❷「模糊」。

02 ▸

出現選單，點擊「高斯模糊」。

03 ▸

出現視窗，先在強度欄位輸入 ❶「25」，再點擊 ❷「確定」。（註：強度越高，照片越模糊。）

04 ▸

先點擊❶「濾鏡」，出現下拉
式選單後，點擊❷「濾鏡收藏
館」。

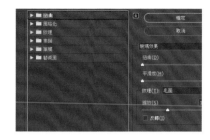

05 ▸

出現視窗，點擊「扭曲」。

06 ▸

出現選單，點擊「玻璃效果」。

07 ▸

在扭曲欄位輸入「1」。

08 ▸

在平滑度欄位輸入「3」。

09 ▸

先點擊紋理的❶「▾」，出現下
拉式選單後，點擊❷「毛面」。

10 ▸

在縮放欄位輸入「100」。

11 ▸

點擊「確定」，即可將照片製作出玻璃質感。

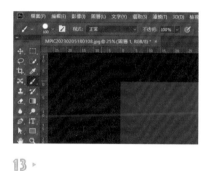

12 ▸

點擊「▣」，以新增空白圖層。

13 ▸

點擊「▨」，為**筆刷工具**。

14 ▸

點擊「■」，為**前景色**的**檢色器**。

15 ▸

出現視窗，先選取 ❶ 白色，再點擊 ❷「確定」。

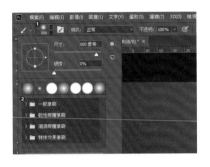

16 ▸

先點擊筆刷的 ❶「![]」，出現
選單，點擊 ❷「一般筆刷」。

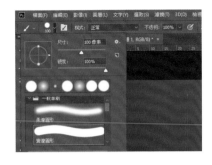

17 ▸

點擊「實邊圓形」。

18 ▸

以筆刷在圖層1上繪製不規則形
的雨滴。（註：雨滴大小可尺寸
不一。）

19 ▸

先點擊混合模式的 ❶「![]」，出
現下拉式選單後，點擊 ❷「加
亮顏色」。

20 ▸

在填滿欄位輸入「0%」。

21 ▸

點擊圖層1兩次，也可點擊「![]」。
（註：須點擊在沒有圖層名稱的空
白處。）

22 ▶

出現視窗，點擊「斜角和浮雕」。

23 ▶

先點擊樣式的❶「▾」，出現
下拉式選單後，點擊❷「內斜
角」。

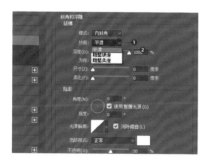

24 ▶

先點擊技術的❶「▾」，出現下
拉式選單後，點擊❷「平滑」。

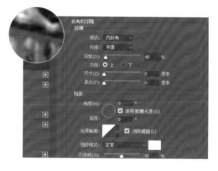

25 ▶

在深度欄位輸入「40」。

26 ▶

點擊「上」。

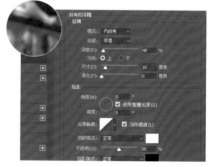

27 ▶

在尺寸欄位輸入「10」。

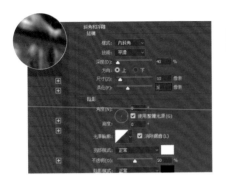

28 ▶

在柔化欄位輸入「5」。

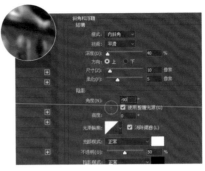

29 ▶

在陰影的角度欄位輸入「-90」。

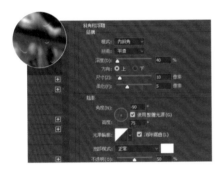

30 ▶

在陰影的高度欄位輸入「75」。

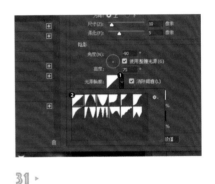

31 ▶

先點擊光澤輪廓的❶「▼」，出現下拉式選單後，點擊❷「◢」。

32 ▶

先點擊亮部模式的❶「▼」，出現下拉式選單後，點擊❷「加亮顏色」。

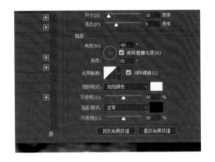

33 ▶

點擊亮部模式的檢色器。

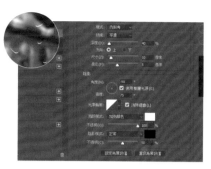

34 ▸

出現視窗，先選取❶白色，再
點擊❷「確定」。

35 ▸

在不透明欄位輸入「100」。

36 ▸

先點擊陰影模式的❶「▾」，出
現下拉式選單後，點擊❷「實
色疊印混合」。

37 ▸

點擊陰影模式的檢色器。

38 ▸

出現視窗，先選取❶黑色，再
點擊❷「確定」。

39 ▸

在不透明欄位輸入「100」。

40 ▸

點擊「內光暈」。

41 ▸

先點擊混合模式的❶「▾」，出現下拉式選單後，點擊❷「濾色」。

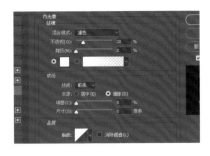

42 ▸

在不透明欄位輸入「20」。

43 ▸

點擊內光暈顏色的檢色器。

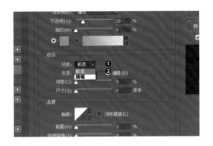

44 ▸

出現視窗，先選取❶土黃色，再點擊❷「確定」。（註：出現此視窗時，直接用滑鼠左鍵點擊照片，即可吸取照片上的顏色；此處為吸取建築物的顏色。）

45 ▸

先點擊技術的❶「▾」，出現下拉式選單後，點擊❷「較柔」。

46 ▸

點擊「邊緣」。

47 ▸

在填塞欄位輸入「0」。

48 ▸

在尺寸欄位輸入「17」。

49 ▸

先點擊輪廓的❶「⌄」，出現下拉式選單後，點擊❷「◢」。

50 ▸

在範圍欄位輸入「50」。

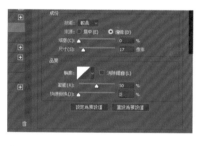

51 ▸

在快速變換欄位輸入「0」。

52 ▸

點擊「緞面」。

101

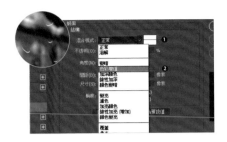

53 ▶

先點擊混合模式的❶「▾」，出現下拉式選單後，點擊❷「色彩增值」。

54 ▶

點擊混合模式的檢色器。

55 ▶

出現視窗，先選取❶淺藍色，再點擊❷「確定」。（註：出現此視窗時，直接用滑鼠左鍵點擊照片，即可吸取照片上的顏色；此處為吸取人物衣服的顏色。）

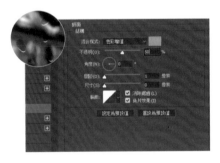

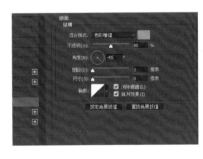

56 ▶

在不透明欄位輸入「50」。

57 ▶

在角度欄位輸入「-45」。

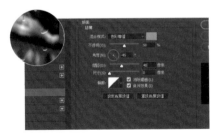

58 ▶

在間距欄位輸入「40」。

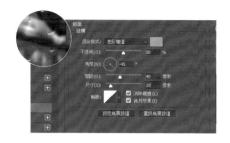

59 ▸

在尺寸欄位輸入「20」。

60 ▸

點擊「陰影」。

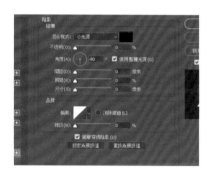

61 ▸

先點擊混合模式的 ❶「▾」，出現下拉式選單後，點擊 ❷「小光源」。

62 ▸

點擊混合模式旁的「檢色器」。

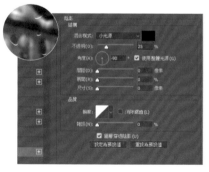

63 ▸

出現視窗，先選取 ❶ 黑色，再點擊 ❷「確定」。

64 ▸

在不透明欄位輸入「25」。（註：因步驟29已設定過陰影的角度，所以此時角度會自動顯示「-90」。）

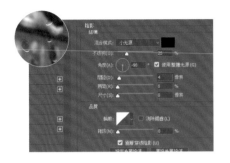

65 ▸

在間距欄位輸入「4」。

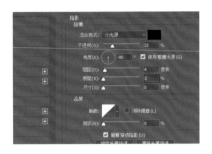

66 ▸

在展開欄位輸入「0」。

67 ▸

在尺寸欄位輸入「6」。

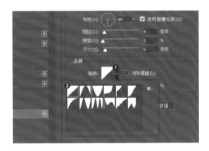

68 ▸

先點擊輪廓的❶「▾」，出現下
拉式選單後，點擊❷「◢」。

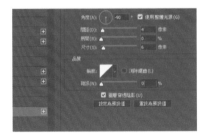

69 ▸

在雜訊欄位輸入「0」。

70 ▸

最後，點擊「確定」即可。

要如何在照片上做出撕裂感？

BEFORE

AFTER

01 ▸

匯入照片，為背景。

02 ▸

匯入第二張照片，為欲製作出
撕裂感的風景照片。

03 ▸

以滑鼠右鍵點擊❶「風景照片的圖層」，出現選單，點擊❷「點陣
化圖層」。

04 ►

點擊「⬭」，為**套索工具**。

05 ►

以套索工具在照片上圈選出範圍。（註：紅色部分為欲製作撕裂感的位置。）

06 ►　　　　　　DELETE

按「Delete 鍵」，以刪除選取範圍。

07 ►　　CTRL ／ COMMAND ＋ D

先點擊❶「選取」，出現下拉式選單後，點擊❷「取消選取」，也可按 Ctrl（Command）＋D。

08 ►

點擊「⬭」，為**橡皮擦工具**。

09 ►

先點擊筆刷的❶「⬭」，出現選單後，點擊❷「乾性媒體筆刷」。

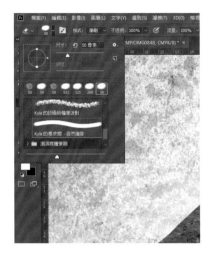

10 ▸

點擊「Kyle 的橡皮擦 - 自然邊緣」。

11 ▸

先點擊❶「視窗」，出現下拉式選單後，點擊❷「筆刷設定」。

12 ▸

出現視窗，點擊「筆刷動態」。

13 ▸

在角度快速變換的欄位輸入「35%」。

14 ▸

以橡皮擦沿著風景照的邊緣塗抹一次，使照片邊緣不會過度平滑。

15 ▶

點擊背景圖層。

16 ▶

點擊「 」，為**筆刷工具**。

17 ▶

先點擊筆刷的 ❶「 」，出現選單後，點擊 ❷「乾性媒體筆刷」。

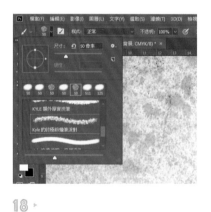

18 ▶

點擊「Kyle 的終極粉蠟筆派對」。

19 ▶

點擊「 」，為**筆刷設定**。

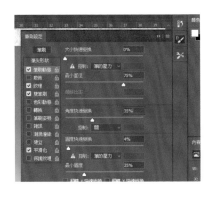

20 ▶

在角度快速變換的欄位輸入
「35%」。

21 ▶

點擊「⏹」，將前景色換成白色。

22 ▶

最後，以白色筆刷在背景圖層上，
沿著風景照片邊緣塗抹，以繪製
出白色的撕裂邊緣即可。

如何製作簡易紙膠帶素材？

01 ▶

開啟空白文件後，點擊「□」，
以新增空白圖層。

02 ▶

點擊圖層 1。

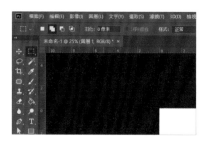

03 ▶

點擊「▣」，為**矩形選取畫面工具**。

04 ▶

在畫面上拉出一個矩形範圍。

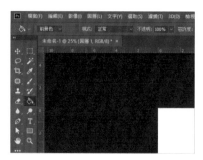

05 ▶

點擊「▧」，為**油漆桶工具**。

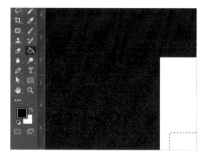

06 ▶

點擊前景色的檢色器。

07 ▸

出現視窗，先點擊❶「欲使用
的顏色」，再點擊❷「確定」。

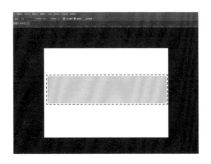

08 ▸

將選取範圍填滿顏色。

09 ▸

使用快捷鍵Ctrl（Command）
+D，取消選取範圍。

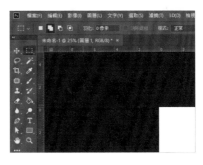

10 ▸

點擊「　」，為**矩形選取畫面工
具**。

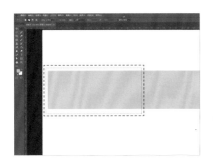

11 ▸

選取灰色矩形的其中一邊。

12 ▸

先點擊❶「編輯」，出現下拉式選單後，點擊❷「任意變形」。

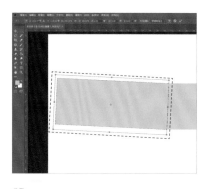

13 ▸

將變形的範圍旋轉、移動位置，使兩段灰色矩形銜接在一起。

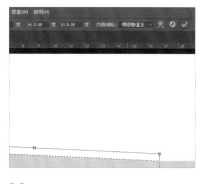

14 ▸

點擊「☑」，以確認修改。

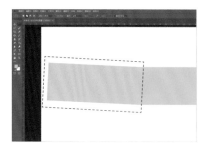

15 ▸

使用快捷鍵Ctrl（Command）+D，取消選取範圍。

16 ▸

長按❶「◯」，出現選單，點擊❷「多邊形套索工具」。

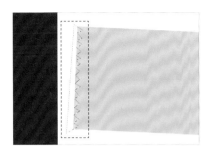

17 ▸

以多邊形套索工具在灰色矩形左側模擬膠帶撕邊，製作出選取範圍。

18 ▸ 　　　　　　　　`DELETE`

按「Delete 鍵」，刪除選取範圍內的顏色。

19 ▸ 　　　`CTRL` / `COMMAND` + `D`

使 用 快 捷 鍵 Ctrl（Command）+D，取消選取範圍。

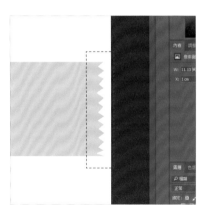

20 ▸

重複步驟17-19，完成右側膠帶的撕邊製作。

21 ▶

先點擊 ❶「視窗」，出現下拉式選單後，點擊 ❷「樣式」。

22 ▶

點擊「▇」。

23 ▶

出現下拉式選單，點擊想要的樣式類型。

24 ▶

出現視窗，點擊「確定」。

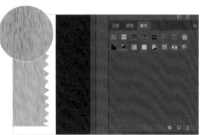

25 ▶

最後，點擊欲使用的樣式即可。

Feathering : 0 pixel   Anti-aliasing   Mode : Normal

chapter_03.psd @ 100% (RGB/8)*

03

chapter

Image Editing

影像的編修

100%   3078 pixel x 5472 pixel (300dpi)

編修人像
EDIT PORTRAIT

如何修改人像的髮色？

以下將運用快速遮色片及色彩平衡的功能，示範如何自然的修改人像
的頭髮顏色。★

01 ▶

匯入照片後，點擊「▣」，為快
速遮色片。

02 ▶

點擊「✐」，為筆刷工具。

03 ▶

點擊「◉」。

04 ▸

出現選單,將筆刷的尺寸設定
為❶「300」;硬度設定為❷
「0%」。

05 ▸

確認前景色為黑色。

06 ▸

以筆刷塗抹頭髮。(註:紅色為快
速遮色片中,筆刷塗抹過的預設顏
色。)

07 ▸

快速將頭髮部分塗抹完成後,
點擊「↹」,使前景色與背景色
互換。

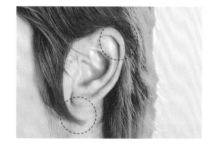

08 ▸

以筆刷再次塗抹未預期要變色
的區域。(註:例如:耳朵邊緣、
靠近頭髮末梢的背景位置等。)

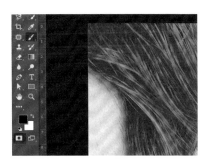

09 ▸

點擊「▣」，關閉快速遮色片。

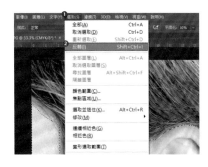

10 ▸

出現虛線選取範圍，先點擊❶
「選取」，出現下拉式選單後；
點擊❷「反轉」。

11 ▸

先點擊❶「◙」，出現選單後；
點擊❷「色彩平衡」。

12 ▸

出現色彩平衡的面板，可透過滑
桿或輸入數值，隨意調整顏色。

13 ▸

點擊不透明度的「▾」。

14 ▸

最後，可透過滑桿或輸入數值，
隨意調整頭髮顏色的透明度即
可。

要如何將臉上的瑕疵（黑眼圈、青春痘、雀斑、疤痕等）消除得自然一點？

▶ **仿製印章工具**

仿製印章能複製操作者定義的位置，進行複製，可用在修小瑕疵上。☆

01 ▶

匯入照片後，點擊「🖈」，為仿製印章工具。

02 ▶   **1** of **1**

將不透明度改成 **20%**。（註：可使用快捷鍵] 放大，或 [縮小筆刷，定義出仿製印章的大小。）

03 ▸ ALT / OPTION

將滑鼠游標移動到沒有眼袋的皮膚區域，按住「Alt（Option）鍵」，點擊一次滑鼠左鍵；再放開「Alt（Option）鍵」，以製作印章。

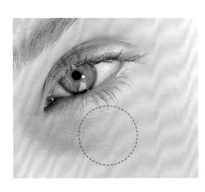

04 ▸

在右側眼睛下方的眼袋處，蓋一次印章，眼袋開始變淡，但仍存在。

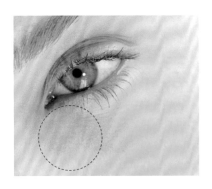

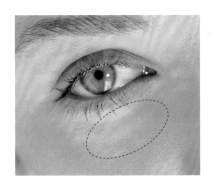

05 ▸

重複步驟4，持續操作約4～5次後，右眼的眼袋已修掉。

06 ▸

最後，重複步驟3-5，修掉左眼的眼袋即可。

▶ 汙點修復筆刷工具

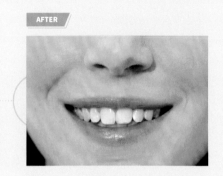

適用於背景為大面積且單一的背景，而想修除的物件只占背景的一小
部分時，例如：想修除青春痘、黑斑、小傷疤等微小瑕疵。☆

01 ▶

匯入照片後，點擊「　」，為**汙
點修復筆刷工具**。

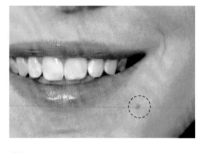

02 ▶

使用快捷鍵]，將汙點修復的
筆刷，放大至能覆蓋欲修除的
青春痘大小。（註：若要縮小筆
刷，可按快捷鍵 [。）

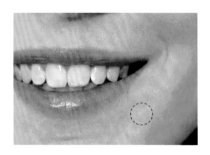

03 ▶

最後，以滑鼠左鍵在青春痘的位
置點擊一下即可。

▸ 修復筆刷工具

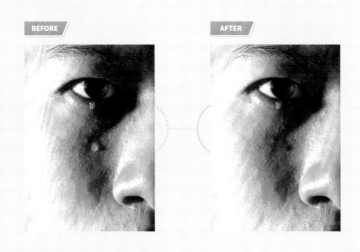

BEFORE　　AFTER

01 ▸

匯入照片後，長按 ❶「▨」，出現選單後；點擊 ❷「修復筆刷工具」。（註：此功能與仿製印章工具相同，可設定特定位置，再複製到其他位置。）

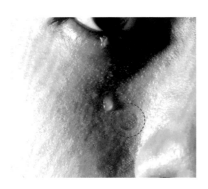

02 ▸　　　　　　　　ALT ╱ OPTION

將滑鼠游標移動到淚滴附近的區域後，按住「Alt（Option）鍵」後，點擊滑鼠左鍵一次；再放開「Alt（Option）鍵」，就能複製該區域的皮膚。

 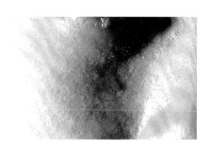

將滑鼠游標移動到淚滴的位置。
（註：可使用快捷鍵] 放大，或 [縮
小筆刷，定義出筆刷的大小。）

04 ▶

最後，點擊照片一下，將步驟
3 複製的皮膚貼上，將淚滴遮
住即可。

▶ **內容感知**

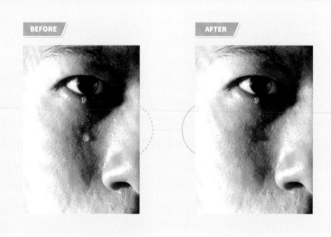

BEFORE   AFTER

01 ▶

匯入照片後，點擊「 🔲 」，為套
索工具。

02 ▸

以套索工具選取欲修除的範圍。

03 ▸ 　CTRL / COMMAND + D

承步驟 2，將線條的終點與起點連接後，出現虛線的選取範圍。（註：若要取消選取可使用快捷鍵 Ctrl／Command+D。）

04 ▸

先點擊 ❶「編輯」，出現下拉式選單後；點擊 ❷「填滿」。

05 ▸

出現選單，點擊內容的「▼」。（註：系統預設為「內容感知」，若設定跑掉，再操作步驟6-7。）

06 ▸

出現下拉式選單，點擊「內容感知」。

07 ▸

最後，點擊「確定」即可。

▶ 內容感知填色

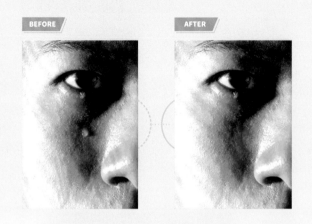

可設定系統感知的範圍,使
調整結果更精準,較「內容
感知」精確,能有效避免系
統判定錯區域,導致調整出
非預期的效果。★

01 ▶

匯入照片後,點擊「🔘」,為**套索
工具**。

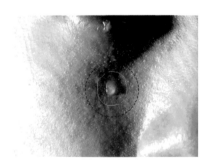

02 ▶

以套索工具選取欲修除的範圍。

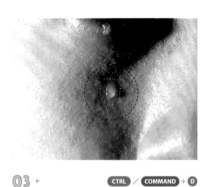

03 ▶　　　CTRL / COMMAND + D

承步驟2,將線條的終點與起
點連接後,出現虛線的選取範
圍。(註:若要取消選取,可使
用快捷鍵Ctrl/Command+D。)

04 ▸

先點擊❶「編輯」，出現下拉式
選單後；點擊❷「內容感知填
色」。

05 ▸

右側出現預覽視窗，畫面中綠
色色塊，為預設的感知區域。

06 ▸

點擊「◎」。

07 ▸

將游標移至綠色色塊後，擦除
色塊範圍，並調整至所需的感
知範圍。

08 ▸

確認預覽視窗上的效果沒問題
後，點擊「確定」。

09 ▸

如圖，欲修除的瑕疵已消失。

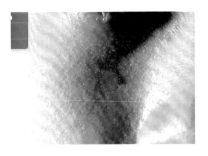

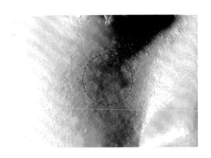

10 ▸ CTRL / COMMAND + D

先點擊❶「選取」後；點擊❷
「取消選取」。也可使用快捷鍵
Ctrl（Command）+D。

11 ▸

最後，確認虛線的選取範圍消
失即可。

▸ 修補工具

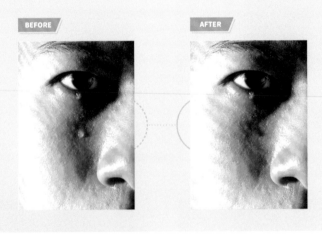

BEFORE

AFTER

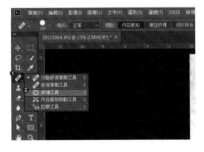

01 ▸

匯入照片後，長按❶「✐」，出現
選單後，點擊❷「修補工具」。

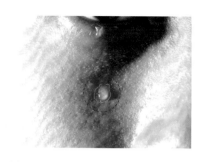

02 ▸

移動滑鼠左鍵，選取欲修除的
範圍。

03 ▸ CTRL / COMMAND + D

承步驟2，將線條的終點與起
點連接後，出現虛線的選取範
圍。（註：若要取消選取可使用
快捷鍵Ctrl／Command+D。）

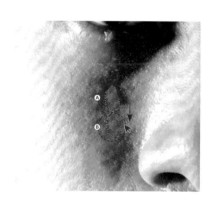

04 ▸

以滑鼠左鍵按住虛線選取範圍Ⓐ
後，往下拖曳並移動至選取範圍
Ⓑ。（註：選取範圍Ⓐ會變成選取
範圍Ⓑ的樣子。）

05 ▸ CTRL / COMMAND + D

最後，點擊滑鼠左鍵，或使用快
捷鍵Ctrl（Command）+D，取消
虛線的選取範圍即可。

如果照片中的人物瞳孔呈現亮紅色，該如何調整？

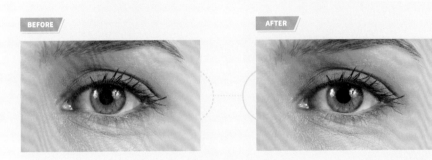

在拍攝人像時，若照片中人物的眼睛呈現不自然的亮紅色，就稱為「紅眼」。

攝影師在低光源的環境下拍攝時，會使用閃光燈補光，而當強光照射進視網膜，且反射回相機鏡頭時，會產生紅眼，可用紅眼工具進行修圖，以下說明。★

01 ▶

匯入照片後，長按「　」，出現選單，點擊「紅眼工具」。

02 ▶

將滑鼠移動到人像的瞳孔位置。

03 ▶

最後，點擊一下滑鼠左鍵即可。

如果想幫照片裡的人物瘦臉或瘦身，該怎麼做？

不論是想修整照片中人物的臉型或身形，都可以運用液化功能達到目的，以下說明。★

01 ▶

匯入照片後，點擊「濾鏡」，出現下拉式選單。

02 ▶

點擊「液化」。

03 ▶

出現視窗，點擊「 」，為**向前彎曲工具**。

04 ▶

將壓力設定為「40」。

05 ▸

以滑鼠左鍵按住欲調整的部位後，往身體的內部推一下，再放開滑鼠左鍵，即可調整身形。

06 ▸

重複步驟5，將人物的兩側都進行調整。

07 ▸

最後，待調整完後，點擊「確定」即可。

如何使人的皮膚產生更亮白的美肌效果？

BEFORE

AFTER

若想調整人像皮膚的亮白程度，可運用混合模式進行調整，以下說明。

01 ▸

匯入照片。

02 ▸　　CTRL / COMMAND + J

點擊背景圖層，再使用快捷鍵
Ctrl（Command）+J，直接拷貝
及貼上圖層。

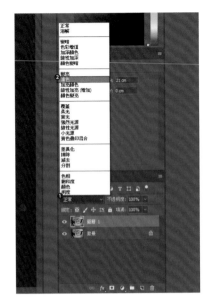

03 ▸

先點擊混合模式的❶「▾」，出現
下拉式選單後，點擊❷「濾色」。

04 ▸

點擊不透明度的「▾」。

05 ▸

最後，可透過拖曳滑桿或輸入數
值，設定透明度，調整至欲呈現
的感覺即可。（註：須留意照片是
否過度曝光。）

該怎麼讓照片中的人物，不會因為調整照片的整體長寬，而跟著被拉長或拉扁？

若想放大照片的背景，但不希望照片中的人像或物件跟著背景一起被拉長而變形，就可運用製作色版搭配內容感知比率的功能進行修圖，以下說明。★

01 ▶

匯入照片後，點擊「🔓」，以解鎖背景圖層。

02 ▶

先點擊❶「影像」，出現下拉式選單後；點擊❷「版面尺寸」。

03 ▶

將寬度設定為原先的 1.5 倍，為 24cm×1.5 倍 =36cm。（註：視操作者欲製作的比例調整。）

04 ▶

點擊「→」，設定照片為右側不動，並往左側延伸長度。

05 ▶

點擊「確定」，系統會出現新增的版面區塊。

06 ▶

點擊「○」，為**套索工具**。

07 ▶

選取照片中的人物。

08 ▶

先點擊❶「色版」，再點擊❷「□」，以儲存選取範圍為色版。

09 ▶

色版製作完成。

10 ▶　　　

先點擊❶「選取」；出現下拉式選單後，點擊❷「取消選取」。也可使用快捷鍵 Ctrl（Command）+D，取消虛線選取範圍。

11 ▸

先點擊❶「編輯」，出現下拉式
選單後，點擊❷「內容感知比
率」。

12 ▸

點擊保護的「☑」。

13 ▸

出現下拉式選單，點擊步驟9製
作的色版名稱。

14 ▸

以滑鼠左鍵將照片往左側拉長。

15 ▸

照片拉長後，製作成色版的人
物，不會跟著拉長、變形。

16 ▸

最後，點擊「☑」，確認修改即可。

要怎麼編修出有空氣感的人物照片？

01 ▶

匯入照片後，點擊❶「⬚」，以新增❷「空白圖層」。

02 ▶

點擊前景色的色塊。

03 ▶

出現視窗，將 R、G、B 的數值都設定為 128，以設定出灰色。

04 ▶

點擊「確定」。

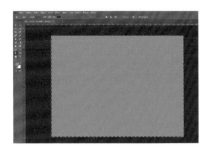

05 ▶ `ALT` / `OPTION` + `DELETE`

使 用 快 捷 鍵 Alt（Option）+
Delete，將空白圖層填滿前景色
（灰色）。

06 ▶

先點擊混合模式的❶「☑」，出
現下拉式選單後，點擊❷「線性
加亮（增加）」。

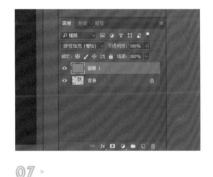

07 ▶

點擊不透明度的「☑」。

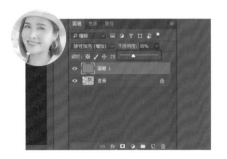

08 ▶

透過拖曳滑桿或輸入數值，降
低透明度。

09 ▶

點擊❶「☐」，以新增❷「空白
圖層」。

10 ▸

點擊「■」，使前景色變成黑色。
（註：也可重複步驟2-4，將R、G、
B的數值都設定為0。）

11 ▸

使 用 快 捷 鍵 Alt（Option）+
Delete，將空白圖層填滿前景色
（黑色）。

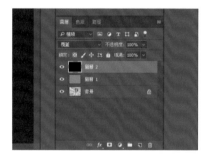

12 ▸

先點擊混合模式的❶「∨」，出
現下拉式選單後，點擊❷「覆
蓋」。

13 ▸

點擊不透明度的「∨」。

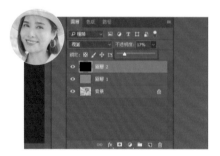

14 ▸

透過拖曳滑桿或輸入數值，降
低透明度。

15 ▸

點擊「◔」。

16 ▸

出現選單，點擊「色彩平衡」。

17 ▸

透過拖曳滑桿往青色方向拉，
使畫面呈現偏冷色調的感覺。

18 ▸

透過拖曳滑桿往藍色的方向拉，
使畫面呈現偏冷色調的感覺。

19 ▸

透過拖曳滑桿往洋紅的方向拉，
使人物的膚色稍微紅潤一點。

20 ▸

點擊❶「▣」，出現下拉式選單
後，點擊❷「曝光度」。

21 ▸

最後，透過拖曳滑桿或輸入數
值，稍微調高曝光度即可。

如何加強黑白照片的對比？

BEFORE

AFTER

01 ▸

匯入照片後，點擊「●」，為**建立新填色或調整圖層**。

02 ▸

出現下拉式選單後，點擊「漸層對應」。

03 ▸

先點擊色條的 ❶「▾」，出現選單，點擊 ❷「◢」。

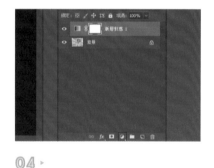

04 ▸

點擊「●」，為**建立新填色或調整圖層**。

05 ▸

出現下拉式選單後，點擊「選取顏色」。

06 ▸

先點擊顏色的❶「▾」，出現下拉式選單後，點擊❷白色。

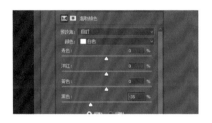

07 ▸

在黑色欄位輸入「-35」。（註：可依個人要調的對比強度，調整數值。）

08 ▸

先點擊顏色的❶「▾」，出現下拉式選單後，點擊❷「中間調」。

09 ▸

在黑色欄位輸入「-5」。

10 ▸

先點擊顏色的❶「▾」，出現下拉式選單後，點擊❷黑色。

11 ▸

最後，在黑色欄位輸入「+20」即可。

編 修 景 物
EDIT SCENERY

如何將拍歪的景物「轉正」？

在拍攝建築物或海平面時，若景物的水平線和照片的邊長沒有平行，就會讓人物明顯感受到照片「拍歪」了，而為了將拍歪的景物「轉正」，可運用尺標工具或裁切工具進行調整，以下說明。

▶ 尺標工具

藉由繪製直線後「拉直圖層」，但照片上多餘的白邊須自行調整。☆

01 ▶
匯入照片後，長按「🖋」，出現選單。

02 ▶
點擊「尺標工具」。

03 ▶

在照片中欲設定成水平線的地方，
繪製一條線。（註：此處以海平面
為例。）

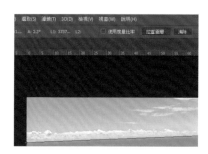

04 ▶

點擊「拉直圖層」。（註：若想重
新畫線，可點擊「清除」後，再畫
線。）

05 ▶

最後，確認將拍歪的景物「轉
正」後，裁切多餘畫面（參考
P.148）即可。

▶ **裁切工具**

藉由裁切工具中的「拉直工具」，可將照片直接轉正。★

01 ▶

匯入照片。

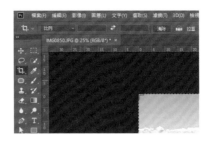

02 ▶

點擊「⬚」，為**裁切工具**。（註：在四角、四邊會出現「⌐」和「─」的控制點。）

03 ▶

點擊「▭」，為**拉直工具**。

04 ▶

在照片中欲設定成水平線的地方，繪製一條線。（註：此處以海平面為例。）

05 ▶

點擊「✓」，確認修改完成。

06 ▶

最後，確認已將拍歪的景物「轉正」即可。

如何切掉照片邊緣不要的部分？

拍照時，若不小心拍到雜物，或在編修照片的過程中，照片邊緣出現須去除的部分時，可運用裁切工具切除，以下說明。

01 ▶

重複 P.145 的步驟 1-5，將照片轉正。

02 ▶

點擊「」，為**裁切工具**，在四角、四邊會出現「」和「」的控制點。

03 ▶

拖曳裁切工具的控制點，設定欲裁切掉的範圍。

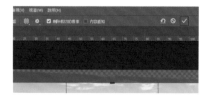

04 ▶

最後，確認裁切範圍後，點擊「」即可。

-編修景物-

如何將斜側面拍攝的方形物件，調整成像正面拍攝的模樣？

BEFORE

AFTER

若想將用「斜側面角度」拍攝的物件，修改成正面拍攝的模樣，可運用透視裁切工具調整，以下說明。

01 ▸

匯入照片。

02 ▸

長按❶「⬚」，出現選單後；點擊❷「透視裁切工具」。

03 ▸

在物件的任一角，以滑鼠左鍵點擊第一下。

04 ▸

重複步驟 3，在物件的另一角
點擊第二下。

05 ▸

重複步驟 3，在物件的另一角
點擊第三下。

06 ▸

重複步驟 3，在物件的另一角點
擊第四下，形成虛線選取範圍。

07 ▸

最後，確認選取範圍後，點擊「☑」
即可。

該如何將仰角拍攝的建築物，修改成正視（平視）角度的照片？

▶ **鏡頭校正**

可針對變形的物件做調整外，
也能調整照片色差。☆

01 ▶

先匯入照片，再點擊❶「濾鏡」，
出現下拉式選單後；點擊❷「鏡
頭校正」。

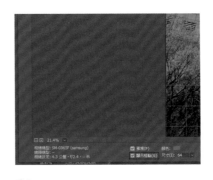

02 ▶

勾選「顯示格點」。

03 ▸

點擊顏色的「　　」。

04 ▸

出現視窗，點擊❶紅色，使格線更明顯後，點擊❷「確定」。(註：若格線清楚，此步驟可省略。)

05 ▸

點擊尺寸的「　」。

06 ▸

將滑桿拖曳至最左側，使格線更密集，以便後續校正建築物的角度。

07 ▸

點擊「自訂」。

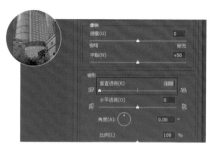

08 ▸

將「垂直透視」的滑桿往左拖曳，直到建築物變為直向（不再有透視的斜度）。

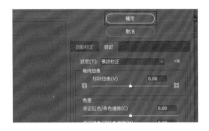

09 ▶

將「比例」的滑桿往左拖曳，直到原本超出預覽畫面的建築物全部進入畫面中。

10 ▶

點擊「確定」。

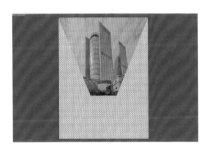

11 ▶

重複步驟 2-10，再次調整建築物的角度。（註：若建築物傾斜角度較大，須多次調整，才能使建築物變成直立的樣子。）

12 ▶

點擊「🔲」，為**裁切工具**。

13 ▶

拖曳裁切工具的控制點，設定欲裁切掉的範圍。

14 ▶

最後，確認裁切範圍後，點擊「☑」即可。

▶ Camera Raw 濾鏡

BEFORE

AFTER

除了能針對變形的物件做
調整外,還可針對色溫、
曝光度、飽和度等進行照
片細部調整。★

01 ▶

先匯入照片,再點擊❶「濾鏡」,
出現下拉式選單後;點擊❷
「Camera Raw 濾鏡」。

02 ▶

出現視窗,點擊「▣」。

03 ▶

勾選「格點」。

04 ▶

將「垂直」的滑桿往左拖曳,
直到建築物變為直向(不再有
透視的斜度)。

05 ▸

將「縮放」的滑桿往左拖曳，
直到原本超出預覽畫面的建築
物全部進入預覽畫面中。

06 ▸

點擊「確定」。

07 ▸

點擊「 🔲 」，為**裁切工具**。

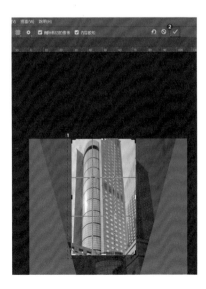

08 ▸

最後，拖曳裁切工具的❶「控制
點」，設定要裁切掉的範圍後，點
擊❷「✔」即可。

如何修改長條狀物件的彎曲程度或狀態？

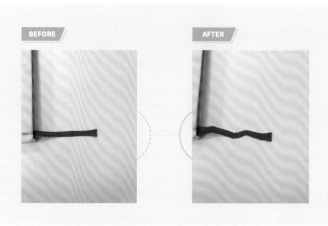

BEFORE

AFTER

若長條狀物件的背景單純，就能運用操控彎曲功能，調整物件的彎曲程度，以下說明。★

01 ▸

匯入照片後，點擊「🔒」，以解鎖背景圖層。

02 ▸

先點擊❶「編輯」，出現下拉式選單後；點擊❷「操控彎曲」。

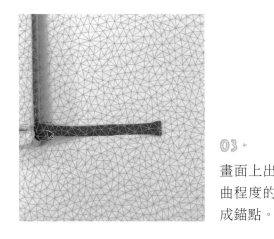

03 ▸

畫面上出現網格後，在欲調整彎曲程度的物件上點擊一下，以形成錨點。

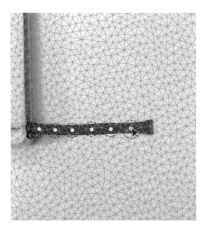

04 ▸

重複步驟3，在物件上點擊出多個錨點。

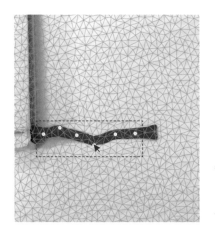

05 ▸

以滑鼠左鍵移動錨點，即可改變物件的彎曲程度。

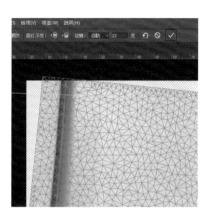

06 ▸

重複步驟5，移動不同的錨點，
以製作出想要的彎曲程度。

07 ▸

點擊「☑」。

08 ▸

如圖，初步完成物件的彎曲程度
調整。

09 ▸

最後，運用裁切工具（P.148）設定
要裁切掉的範圍後，點擊「☑」即
可。

如何移動或複製照片中的物件？

若照片中物件的背景較單純，且欲將物件移動位置或複製更多數量時，就可使用內容感知移動工具進行照片編修，以下說明。

▶ **移動**

BEFORE

AFTER

藉由選取物件，再移動照片內的物件位置，而原先位置的物件，會消失。★

01 ▸

匯入照片。

02 ▸

先長按❶「▨」，出現選單；點擊❷「內容感知移動工具」。

03 ▸

以滑鼠左鍵選取出欲移動的物件。

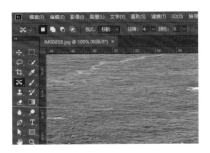

04 ▸

上方出現選單，點擊模式的「﹀」。
（註：系統預設為「移動」，若設定跑掉，再操作步驟4-5。）

05 ▸

出現下拉式選單，點擊「移動」。

06 ▸

以滑鼠左鍵按住虛線的選取範圍，並拖曳至欲移動到的位置。

07 ▸

點擊「✓」。

08 ▸

最後，使用快捷鍵Ctrl（Command）+D，取消虛線的選取範圍即可。（註：原先位置的物件會消失。）

▸ 複製

藉由選取物件,再複製照片內的物件,數量可依個人需求而定。★

01 ▸

重複 P.159 的步驟 1-3,以滑鼠左
鍵選取出欲複製的物件。

02 ▸

上方出現選單,點擊模式的「▾」。

03 ▸

出現下拉式選單,點擊「延伸」。

04 ▶

以滑鼠左鍵按住虛線的選取範圍，並拖曳至欲移動到的位置。

05 ▶

點擊「✅」。

06 ▶   `CTRL` / `COMMAND` + `D`

最後，使用快捷鍵Ctrl（Command）+D，取消虛線的選取範圍即可。

如何製造出照片的景深效果？

01 ▸

匯入照片後，點擊「」，為**筆型工具**。

02 ▸

以筆型工具沿著人物邊緣建立路徑。

03 ▸

在照片上點擊❶「滑鼠右鍵」，出現選單，❷點擊「製作選取範圍」。

04 ▸

在羽化強度欄位輸入「0」。

05 ▶

確認已勾選❶「消除鋸齒」後，
點擊❷「確定」。

06 ▶

先點擊❶「選取」，出現下拉式
選單後，點擊❷「反轉」。

07 ▶

點擊「濾鏡」，出現下拉式選單。

08 ▶

先點擊❶「模糊」，出現選單，
點擊❷「鏡頭模糊」。

09 ▶

出現視窗，先點擊形狀的❶「▾」，
出現下拉式選單後，點擊❷「六角
形(6)」。

10 ▸

在強度欄位輸入「30」。

11 ▸

在葉片凹度欄位輸入「90」。

12 ▸

在旋轉欄位輸入「0」。

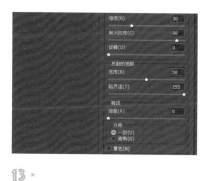

13 ▸

在亮度欄位輸入「50」。

14 ▸

在臨界值欄位輸入「250」。

15 ▸

點擊「確定」。（註：以上數值，
皆可依個人需求調整。）

16 ▸

使用快捷鍵Ctrl（Command）
+D，取消選取範圍。

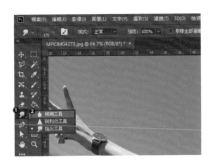

17 ▸

先點擊❶「🖊️」，出現選單，點
擊❷「模糊工具」。

18 ▸

以模糊工具塗抹人物邊緣，使
人物和背景的銜接更自然。

19 ▸

點擊「🔪」，為**剪裁工具**。

20 ▸

將❶「人物下半身與地面銜接處切除」，以降低地面模糊、人物清
楚的不自然感後，點擊❷「☑️」即可。

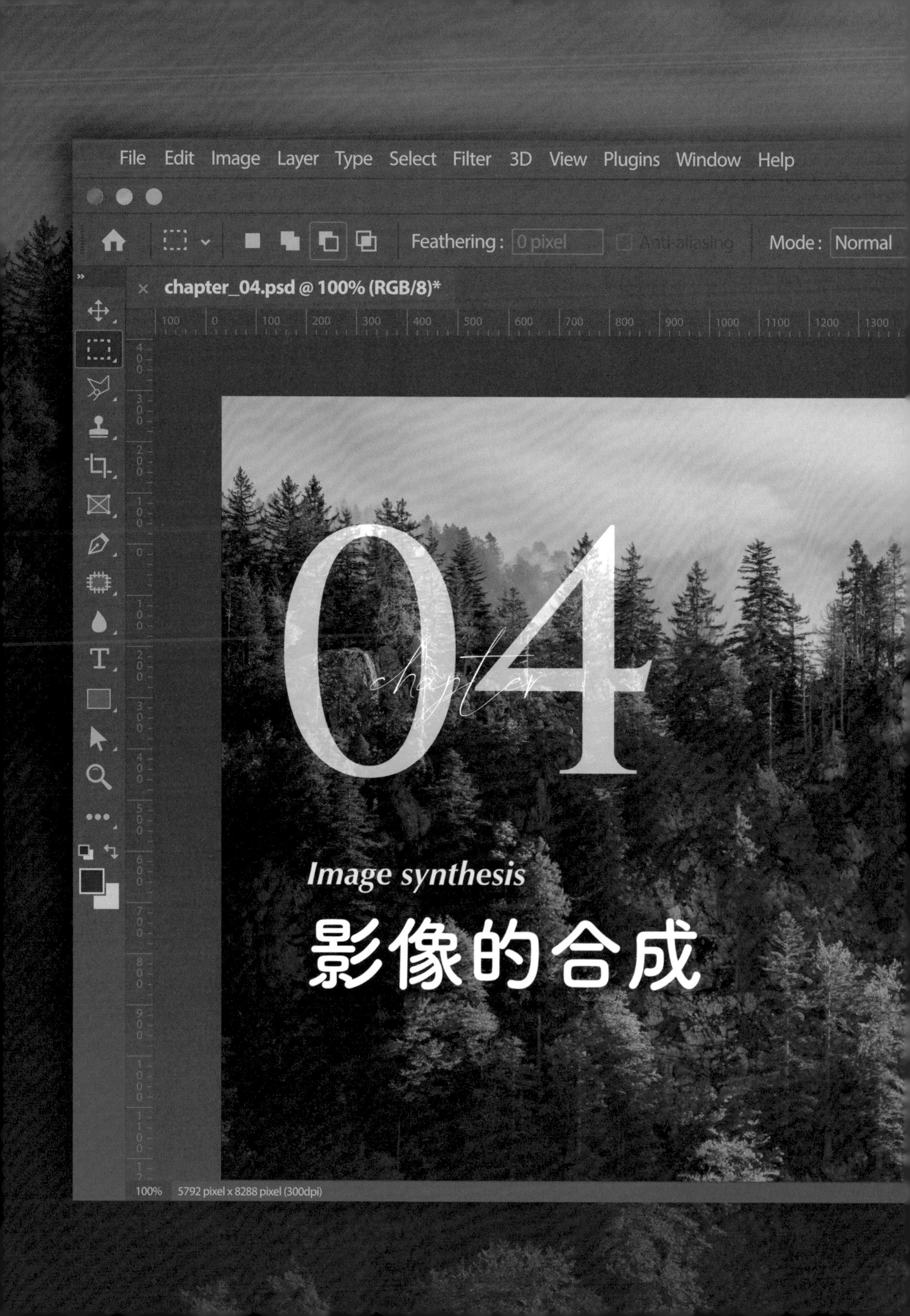

File Edit Image Layer Type Select Filter 3D View Plugins Window Help
Feathering : 0 pixel
Anti-aliasing
Mode : Normal
chapter_04.psd @ 100% (RGB/8)*
100%
5792 pixel x 8288 pixel (300dpi)

chapter 04

Image synthesis

影像的合成

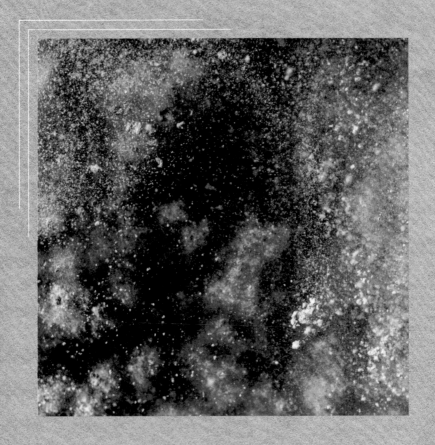

基 礎 合 成

BASIC SYNTHESIS

如何將圖片或Logo合成到其他物件上？

BEFORE

AFTER

01 ▸

開啟空白文件後，匯入欲合成物件的照片。

02 ▸

另外開啟欲合成的圖片。

03 ▸

點擊「✄」，為**裁切工具**。

04 ▸

拖曳裁切工具的控制點，設定
要裁切掉的範圍。

05 ▸

點擊「☑」，留下封面。

06 ▸

點擊「🔒」，使圖片進入可編輯
狀態。（註：圖層名稱會自動改
成圖層0。）

07 ▸　　　　CTRL / COMMAND + C

使用快捷鍵Ctrl（Command）
+C複製背景圖層。

08 ▸　　　　CTRL / COMMAND + V

回到步驟1的文件，使用快捷鍵
Ctrl（Command）+V，以貼上複
製的圖層。

09 ▸　　　　CTRL / COMMAND + T

使用快捷鍵Ctrl（Command）
+T，使圖片進入可編輯的狀態。

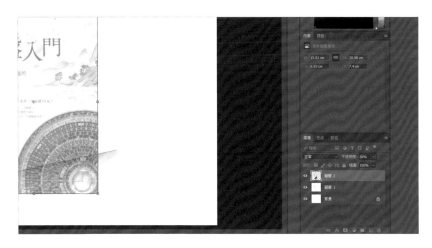

10 ▶

將圖層2的不透明度設定為「50%」，以便接下來合成時，能看清楚物件的邊界。

11 ▶　

按住「Ctrl（Command）鍵」，再以滑鼠左鍵拖曳圖片上的控制點，使圖片與下方物件對齊。

12 ▶

重複步驟11，將圖片四角的控制點都對齊下方物件。

13 ▶

點擊「☑」，確認調整完成。

14 ▸

將圖層 2 的不透明度調回「100%」。

15 ▸

先點擊混合模式的❶「∨」，出現下拉式選單後，點擊❷「色彩增值」。（註：此處以能與合成物件融合的選項為主，可視情況調整。）

16 ▸

重複步驟 3-15，將書背的圖片，合成到物件上即可。

要如何將照片中人物的臉部，換成別人的五官？

BEFORE

A   B

AFTER

01 ▸

匯入人物照片 A。

02 ▸

匯入人物照片 B。（註：兩張人物臉部的方向、角度等須盡量相同，以便於換臉的製作。）

03 ▸

選取人物照片 B 的文件後，長按❶「⬚」，出現選單，點擊❷「磁性套索工具」

04 ▸

選取人物的臉部範圍，形成虛線選取範圍，為臉部 B。

05 ▸ 　　　　　　　[CTRL] / [COMMAND] + [J] & [C]

先使用快捷鍵 Ctrl（Command）+J，直接拷貝及貼上只有臉部 B 的圖層後；再使用快捷鍵 Ctrl（Command）+C，以複製只有臉部 B 的圖層。

06 ▸ 　　　　　　　[CTRL] / [COMMAND] + [V]

點擊人物照片 A 的文件後，使用快捷鍵 Ctrl（Command）+V，以貼上臉部 B 的圖層。

07 ▸

點擊 ❶「➕」，為**移動工具**，勾選 ❷「顯示變形控制項」，照片四周會出現控制點

08 ▸

點擊不透明度的 ❶「▾」，將不透明度的 ❷「數值調整」，以確認臉部 B 的位置是否對齊人物照片 A 的臉部。

09 ▸

將臉部 B 移動到人物照片 A 的臉部位置，並旋轉到對齊五官的位置。

10 ▸

點擊不透明度的 ❶「▾」，將不透明度調回 ❷「100％」。（註：不透明度越高，物件越清楚。）

11 ▶

點擊「☑」，確認修改完成。

12 ▶

點擊「🖍」，為**橡皮擦工具**。

13 ▶

點擊❶「🖌」，將硬度設定為❷「100%」。（註：硬度越高，邊緣線越明顯。）

14 ▶

確認不透明度為100%。（註：不透明度越高，物件越清楚。）

15 ▶

確認流量為100%。（註：流量越高，擦除速度越快。）

16 ▶

使用快捷鍵Ctrl（Command）＋，將畫面放大，以確認臉部B的哪些部分，有重疊到人物照片A的頭髮。

17 ▶

以橡皮擦工具擦除臉部 B 和人物照片 A 的重疊處。

18 ▶

先將滑鼠移動到圖層 1 的縮圖上，按「Ctrl（Command）鍵」後，再以滑鼠左鍵點擊一下，即可選取圖層的範圍。

19 ▶

點擊「選取」，出現下拉式選單。

20 ▶

先點擊❶「修改」，出現選單，點擊❷「縮減」。

21 ▶

出現視窗，在縮減欄位輸入❶「5」後，點擊❷「確定」。

22 ▶

點擊圖層 1 的「👁」，以關閉眼睛。

23 ▸

點擊背景圖層的「🔒」，以解鎖背景圖層。

24 ▸　　　　　　　　　　DELETE

點擊背景圖層，並按「Delete鍵」，以刪除背景人物的臉部選取範圍。

25 ▸　　CTRL / COMMAND + D

點擊上方圖層的「■」，以開啟眼睛後，使用快捷鍵 Ctrl（Command）+D，取消虛線選取範圍。

26 ▸　　CTRL / COMMAND

按「Ctrl（Command）鍵」後，分別點擊兩個圖層，以同時選取圖層。

27 ▸

先點擊❶「編輯」，出現下拉式選單後，點擊❷「自動混合圖層」。

28 ▸

最後，出現視窗，點擊❶「全景」，勾選❷「無縫調和色彩及透明區域內容感知填色」後，點擊❸「確定」即可。

- 基礎合成 -

TOPICS 03

如何將多張照片，整齊排列在同一個畫面裡？

BEFORE

AFTER

01 ▸

新建一個空白文件。（註：此處以寬1200像素、高600像素為例，可依個人需求調整。）

02 ▸

先點擊❶「檢視」，出現下拉式選單後，點擊❷「新增參考線」。

03 ▸

出現視窗，點擊❶「垂直」，並輸入參考線位置❷「400像素」。（註：系統預設參考線位置的單位為「CM」，可依習慣填寫。）

04 ▸

點擊「確定」。

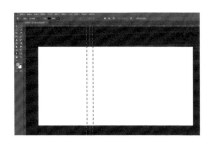

05 ▸

如圖，參考線新增完成。

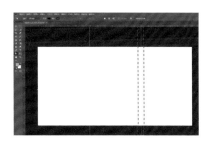

06 ▸

重複步驟2-4，輸入參考線位置為「800像素」，以新增另一條參考線。（註：此處以寬1200像素為基準，均分成3個區域。）

07 ▸

先點擊❶「檢視」，出現下拉式選單後，點擊❷「鎖定參考線」。（註：以免在編輯照片時，不小心移動到參考線的位置。）

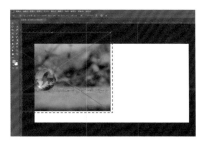

08 ▸

置入照片。

09 ▸

調整好照片欲擺放的位置後，點選「☑」，以置入照片。

10 ▸

如圖，照片置入完成。

11 ▸

重複步驟 8-10，多張照片置入
完成。（註：照片的置入數量，
依個人要合成的張數為主。）

12 ▸

快速點擊圖層，依序將圖層名
稱改成右、中、左。（註：修改
圖層名稱，在操作時，較不易點
錯圖層。）

13 ▸

點擊圖層右的「　」，以關閉眼
睛。

14 ▸

以滑鼠右鍵點擊圖層左。

15 ▸

出現選單，點擊「點陣化圖層」，
將圖層轉為一般可編輯圖層。
（註：照片原始為「智慧型物件」，
以非破壞性方式進行操作，所以不
可進行填色、使用筆刷等功能。）

16 ▸

點擊「　」，為矩形選取畫面工具。

17 ▶

選取左側照片（圖層左）欲刪除的部分。

18 ▶

按「Backspace鍵」或「Delete鍵」，即可刪除選取範圍內的影像。

19 ▶

點擊❶「選取」，出現下拉式選單，點擊❷「取消選取」。也可用快捷鍵Ctrl（Command）+D。

20 ▶

如圖，照片剪裁完成。

21 ▶

重複步驟15-19，右側照片（圖層中）剪裁完成。

22 ▶

點擊圖層右的「■」，以開啟眼睛。

23 ▶

點擊「▣」，為**矩形選取畫面工具**。

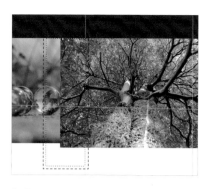

24 ▶

選取中間照片欲刪除的部分。

25 ▶

點擊「▣」，為**增加至選取範圍**。

26 ▶

繼續選取中間照片欲刪除的範圍。

27 ▶

按「Backspace鍵」或「Delete鍵」，即可刪除選取範圍內的影像。

28 ▶

最後，重複步驟 **19**，取消選取即可。

能將多張分次拍攝的風景照合併成一張超廣角的風景照嗎？

BEFORE

AFTER

01 ▶

點擊「檔案」，出現下拉式選單。

02 ▶

先點擊❶「指令碼」，出現選單，
點擊❷「將檔案載入堆疊」。

03 ▶

出現視窗，點擊「瀏覽」。

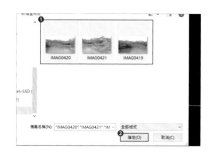

04 ▸

出現視窗，選取❶「欲載入的風景照片」，點擊❷「確定」。（註：每張照片須和另一張照片有重疊的景色，較易成功合併。）

05 ▸

先勾選❶「嘗試自動對齊來源影像」後，點擊❷「確定」。

06 ▸ SHIFT

點擊最下方的圖層，並按住「Shift鍵」後，選取其他圖層。

07 ▸

先點擊❶「編輯」，出現下拉式選單後，點擊❷「自動混合圖層」。

08 ▸

出現視窗，點擊❶「全景」後，勾選❷「無縫色調和色彩及透明區域內容感知填色」後，點擊❸「確定」。

09 ▶

點擊❶「選取」，出現下拉式選單後，點擊❷「取消選取」。也可用快捷鍵Ctrl（Command）+D。

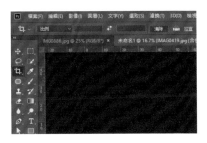

10 ▶

點擊「⬚」，為**裁切工具**。

11 ▶

拖曳裁切工具的控制點，設定欲裁切掉的範圍。

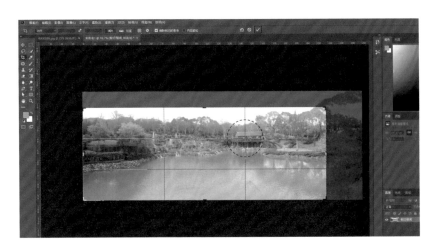

12 ▶

最後，將畫面中想強調的重點，運用剪裁工具，調整至九宮格線的交點上後，點擊「✓」即可。

如何將連續拍攝的多張照片，製作成GIF動畫？

01 ▶

點擊「檔案」，出現下拉式選單。

02 ▶

先點擊❶「指令碼」，出現選單，點擊❷「將檔案載入堆疊」。

03 ▶

出現視窗，點擊「瀏覽」。

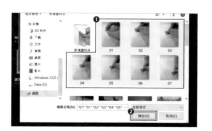

04 ▶　　　　　　　　　　SHIFT

出現視窗，按住Shift鍵，並選取❶「欲載入的多張圖」後，點擊❷「確定」。

05 ▶

檔案匯入成功，確認❶「照片依照順序排列」後，點擊❷「確定」。

06 ▶

如圖，多張照片載入完成，且依照順序排列圖層。

07 ▸

先點擊❶「視窗」，出現下拉式
選單後，點擊❷「時間軸」。

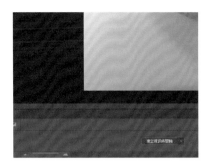

08 ▸

點擊建立視訊時間軸的「▾」。

09 ▸

出現選單，點擊「建立影格動
畫」。

10 ▸

點擊「建立影格動畫」。

11 ▸

出現影格後，點擊「▣」，為**複
製選取的影格**，以建立第二個
影格。

12 ▸

出現第二個影格後，點擊圖層
01的「◉」，以關閉眼睛。

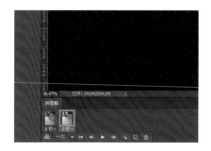

13 ▸

點擊「▣」，以建立第三個影格。

14 ▸

出現第三個影格後，點擊圖層02的「👁」，以關閉眼睛。

15 ▸

點擊「▣」，以建立第四個影格。

16 ▸

出現第四個影格後，點擊圖層03的「👁」，以關閉眼睛。

17 ▸

點擊「▣」，以建立第五個影格。

18 ▸

出現第五個影格後，點擊圖層04的「👁」，以關閉眼睛。

19 ▶

點擊「▣」，以建立第六個影格。

20 ▶

出現第六個影格後，點擊圖層05的「◉」，以關閉眼睛。

21 ▶

點擊「▣」，以建立第七個影格。

22 ▶

出現第七個影格後，點擊圖層06的「◉」，以關閉眼睛。

23 ▶ **SHIFT**

點擊第一個影格，並按住「Shift鍵」。

24 ▶

承步驟23，點擊最後一個影格，以選取所有影格。

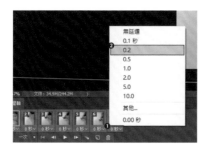

25 ▸

先點擊❶「0秒∨」出現下拉式
選單後，點擊❷「0.2」。（註：
可自行選擇欲設定的秒數。）

26 ▸

先點擊❶「一次▼」，出現下拉
式選單後，點擊❷「永遠」。

27 ▸

點擊❶「第一個影格」，以及❷「最上方的圖層（圖層01）」。

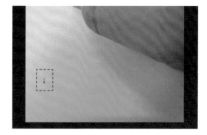

28 ▸

點擊「🇹」，為**水平文字工具**。

29 ▸

點擊一下畫面，出現可輸入文
字的錨點。

30 ▶

輸入「出發」文字。

31 ▶

反白輸入的「出發」文字。

32 ▶

先點擊❶「字型」，出現下拉式選單後，點擊❷「欲選擇字型」。

33 ▶

輸入文字的字級。

34 ▶

先選取❶「任一文字」；再點擊❷「檢色器（文字顏色）」。

（註：可依個人喜好設定字色。）

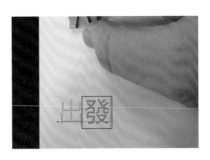

35 ▸

出現視窗，先點擊❶「欲使用顏色」，再點擊❷「確定」。

36 ▸

重複步驟34-35，設定另一個文字的顏色。

37 ▸

點擊「☑」，確認修改完成。

38 ▸

點擊「✛」，為**移動工具**。

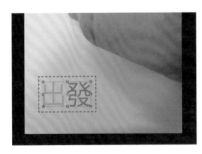

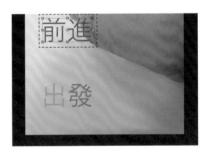

39 ▸

將文字移動到欲擺放的位置，即完成第一組字詞的設定。

40 ▸

重複步驟28-37，輸入第二組字詞。（註：點擊輸入文字位置時，須避開第一組字詞的位置，以免系統誤判使用者想修改第一組字詞。）

41 ▸

重複步驟38-39，移動第二組字詞的位置，並使兩組字詞的位置重疊。

42 ▸

點擊第一個影格。

43 ▸

點擊文字圖層「前進的 👁 」，使文字不在畫面中顯示。

44 ▸

此時所有影格都會和第一個影格相同，只有顯示「出發」。

45 ▸

點擊第五個影格。

46 ▸

點擊文字圖層「前進的 ▣」，使
文字在畫面中顯示。

47 ▸

點擊文字圖層「出發的 ◉」，使
文字不在畫面中顯示。

48 ▸

如圖，第五個影格的字詞設定
完成。

49 ▸

重複步驟46-48，將第六、第七
個影格進行相同的設定。

50 ▸

點擊 ❶「檔案」，出現下拉式選單，
點擊 ❷「轉存」，再點擊 ❸「儲存
為網頁用（舊版）」。

51 ▸

點擊❶「JPEG∨」，出現下拉式
選單後，點擊❷「GIF」。

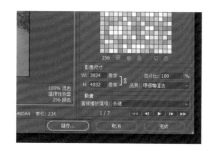

52 ▸

點擊「儲存」。

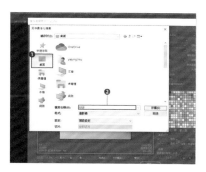

53 ▸

出現視窗，選擇❶「欲存檔的位
置」後，輸入❷「檔名」。

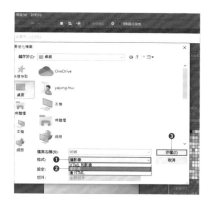

54 ▸

最後，點擊❶「格式」，出現下拉
式選單，再點擊❷「僅影像」，點
擊❸「存檔」即可。

要如何將平面的照片，製作成漂浮的拍立得相片效果？

BEFORE

AFTER

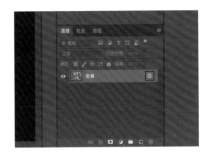

01 ▸

匯入照片後，點擊「🔒」，以解鎖背景圖層。

02 ▸

先點擊❶「編輯」，出現下拉式選單後，點擊❷「任意變形」。

03 ▸ ALT / OPTION + SHIFT

同時按「Alt（Option）鍵」和「Shift鍵」，拖曳控制點，調整照片大小後，點擊「✔」。（註：按「Alt（Option）鍵」，照片會從中心點縮放；按「Shift鍵」可等比例縮放照片。）

04 ▶

點擊「編輯」，出現下拉式選單。

05 ▶

點擊❶「變形」，出現選單，點擊❷「透視」。

06 ▶

按住右上角的控制點後，❶「往左拖曳」後，點擊❷「☑」。

07 ▶

先點擊❶「編輯」，出現下拉式選單後，點擊❷「任意變形」。

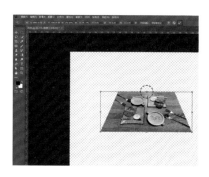

08 ▶　　　(ALT) / (OPTION) + (SHIFT)

按住中間的控制點後，同時按住「Alt 鍵」和「Shift 鍵」，往下拖曳控制點，以使照片中的圓形（碗）不會因為透視而拉長變形後，點擊「☑」。

09 ▸

點擊「編輯」，出現下拉式選單。

10 ▸

點擊❶「變形」；出現選單，點擊❷「彎曲」。

11 ▸

按住左上側的圓形把手。

12 ▸

承步驟11，將圓形把手往上拖曳，使照片出現弧形。

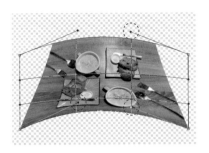

13 ▸

重複步驟11-12，將其他三個圓形把手也往上拖曳。

14 ▸

以滑鼠左鍵拖曳照片內部左上側的九宮格交點，並往上拖曳，使照片呈現弧形。

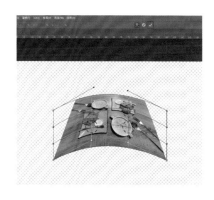

15 ▸

重複步驟14，將九宮格其他三個交點也往上拖曳，使照片呈現漂浮的樣子後，點擊「☑」。

16 ▸

點擊「🔲」，以新增空白圖層。

17 ▸

點擊前景色。

18 ▸

出現視窗，點擊❶「欲選擇的顏色」後，點擊❷「確定」。

19 ▸

使 用 快 捷 鍵 Alt（Option）+Delete，將空白圖層填滿前景色。

20 ▸

將圖層1移動到漂浮效果的照片
（圖層0）下方。

21 ▸

選取圖層0。

22 ▸

點擊❶「fx」，出現選單，點擊
❷「筆畫」。

23 ▸

出現視窗，點擊顏色的「■」。

24 ▸

出現視窗，選取❶白色後，點
擊❷「確定」。

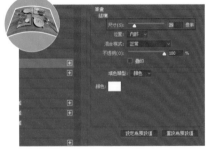

25 ▸

設定尺寸，此為照片周圍的邊
框大小。

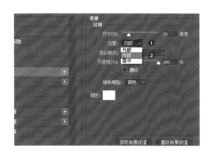

26 ▶

點擊位置的❶「☑」，出現下拉式選單後，點擊❷「內部」。

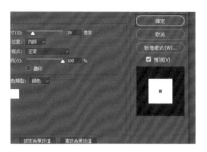

27 ▶

點擊「確定」。

28 ▶

點擊圖層0兩次，也可點擊圖層0右側的「fx」。（註：須點擊在沒有圖層名稱的空白處。）

29 ▶

出現視窗，點擊❶「陰影」，設定❷「角度」。（註：此角度為光線照射的角度。）

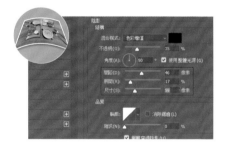

30 ▶

根據欲呈現的陰影效果，調整欲設定的間距、展開及尺寸。

31 ▶

最後，點擊「確定」即可。

該怎麼製作照片四周較暗、中間較亮的效果？

01 ▸

匯入照片後，點擊「▣」，以新增空白圖層。

02 ▸

點擊「▣」，使前景色為黑色。

03 ▸

先點擊❶「編輯」，出現下拉式選單後，點擊❷「填滿」。

出現視窗，點擊內容的❶「✓」，
出現下拉式選單，選擇❷「前景
色」後，點擊❸「確定」。也可用
快捷鍵Alt（Option）+Delete。（註：
系統預設為「前景」。）

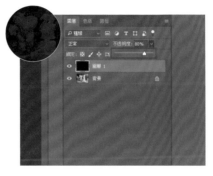

05 ▸

將空白圖層填滿黑色後，點擊
不透明度的「✓」。

06 ▸

將不透明度設定為80%。

07 ▸

點擊❶「▣」，以在黑色圖層上
增加❷「遮色片」。

08 ▸

點擊「✎」，為筆刷工具。

09 ▶

將筆刷的不透明度降低。（註：
此處以 20% 為例。）

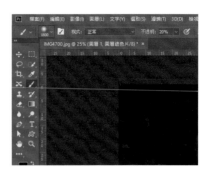

10 ▶

點擊筆刷的「　」。

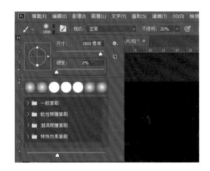

11 ▶

出現選單，將硬度改為 0%。

12 ▶

確認前景色為黑色。（註：以遮
色片來說，黑色是隱藏物件、白色
是顯現物件。）

13 ▶

最後，以筆刷塗抹畫面中間，隱
藏黑色圖層即可。（註：因是點選
在黑色圖層上，所以會隱藏塗抹的
黑色區塊。）

如何讓照片呈現復古的效果？

01 ▸

匯入照片。

02 ▸

先點擊❶「檔案」，出現下拉式選
單後，點擊❷「置入嵌入的物件」。

03 ▶

出現視窗，選擇❶「欲置入的
復古紙張素材」後，點擊❷「置
入」。

04 ▶

按住控制點，將復古紙張素材
圖片❶「放大至填滿畫面」後，
點擊❷「✔」。（註：不須等比例
放大，因只是要使用圖片上的紋
路。）

05 ▶

點擊混合模式的「✔」。

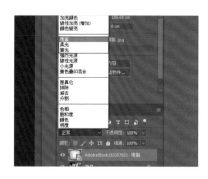

06 ▶

出現下拉式選單，可點擊「覆蓋」、
「柔光」或「實光」，皆可製作出復
古效果。（註：因復古程度不同，可
依個人喜好選擇；此處以「覆蓋」為
例。）

07 ▶

點擊復古紙張素材的圖層。

08 ▶

點擊 ❶「▣」，以增加 ❷「遮色片」。

09 ▶

點擊「✎」，為**筆刷工具**。

10 ▶

點擊筆刷的「▣」。

11 ▶

出現選單，將筆刷的硬度設定為0%。

12 ▶

將筆刷的不透明度降低。（註：此處以20%為例。）

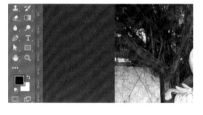

13 ▶

確認前景色為黑色。（註：以遮色片來說，黑色是隱藏物件、白色是顯現物件。）

14 ▶

最後，以筆刷塗抹畫面中間，使復古效果只呈現在畫面四周即可。（註：因是點選在復古紙張圖層上，所以會隱藏塗抹的黑色區塊。）

要如何在照片上，製作出有特殊材質或紋路效果的文字？

01 ▸

匯入照片後，點擊「 T 」，為水平文字工具。

02 ▸

點擊一下畫面，出現可輸入文字的錨點後，輸入「海洋與天空」文字。

03 ▸

反白輸入的「海洋與天空」文字。

04 ▶

先點擊❶「字型」，出現下拉式選
單後，點擊❷「欲選擇字型」。

05 ▶

輸入❶「文字的字級」後，點擊
❷「☑」，確認修改完成。

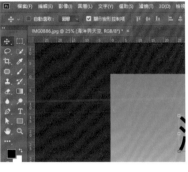

06 ▶

點擊「✛」，為移動工具。

07 ▶

將文字移動到欲擺放的位置，
即完成第一組字詞的設定。

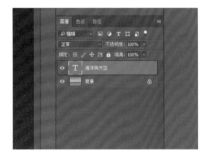

08 ▶

點擊文字圖層。

09 ▶

先點擊❶「檔案」，出現下拉式選單後，點擊❷「置入嵌入的物件」。

10 ▶

出現視窗，選取❶「欲嵌入的素材圖片」後，點擊❷「置入」。

11 ▶

點擊「☑」，以確認置入圖片。

12 ▶

在素材圖片圖層上，點擊滑鼠右鍵。（註：須點擊在沒有圖層名稱的空白處。）

13 ▶

出現選單，點擊「建立剪裁遮色片」。

14 ▶

如圖，有特殊材質或紋路效果的文字初步製作完成。

15 ▶

點擊素材圖片圖層。

16 ▶

點擊❶「影像」，出現下拉式選單；點擊❷「調整」，再點擊❸「色階」。

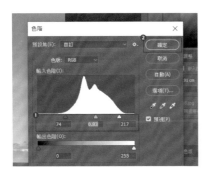

17 ▶

出現視窗，透過移動❶「⬠」符號，調整圖片的明暗狀態後，點擊❷「確定」。

18 ▶

點擊「影像」，出現下拉式選單。

19 ▶

點擊❶「調整」，出現選單，點擊❷「色相／飽和度」。

20 ▶

最後，出現視窗，透過拖曳色相的滑桿❶「選擇欲使用的顏色」後，點擊❷「確定」即可。

10
TOPICS

要怎麼在照片上，製作出有立體感及陰影的文字？

01 ▶

匯入照片後，點擊「」，為水平文字工具。

02 ▶

點擊一下畫面，出現可輸入文字的錨點後，輸入「HI!」文字。

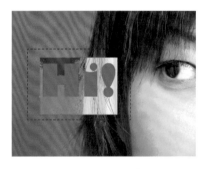

03 ▶

反白輸入的「HI!」文字。

04 ▶

先點擊 ❶「字型」，出現下拉式選單後，點擊 ❷「欲選擇字型」。

05 ▸

輸入文字的字級。

06 ▸

點擊「檢色器（文字顏色）」。

07 ▸

出現視窗，先點擊❶「欲使用顏色」，再點擊❷「確定」。

08 ▸

點擊「☑」，確認修改完成。

09 ▸

點擊「✛」，為移動工具。

10 ▸

將文字移動到欲擺放的位置。

11 ▶

點擊文字圖層兩次，也可點擊「fx」選單的混合選項。（註：須點擊在沒有圖層名稱的空白處。）

12 ▶

出現視窗，點擊「斜角和浮雕」。

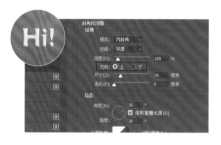

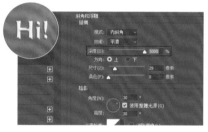

13 ▶

點擊浮雕方向為「上」。

14 ▶

設定浮雕的深度為「1000%」。

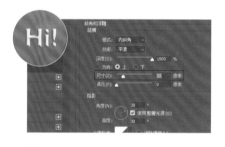

15 ▶

設定浮雕的尺寸為「32像素」。

16 ▶

點擊「陰影」。

17 ▶

先點擊混合模式的❶「　」，出現下拉式選單後，點擊❷「色彩增值」。（註：可依喜好選擇。）

18 ▸

設定陰影的不透明度為「100%」。

19 ▸

設定陰影的角度為「90°」。

20 ▸

設定陰影的間距為「5像素」。

（註：數值越大，陰影距離文字本
體越遠。）

21 ▸

設定陰影的展開為「10%」。

（註：數值越大，陰影顏色越深。）

22 ▸

設定陰影的尺寸為「10像素」。

（註：數值越大，陰影範圍越大。）

23 ▸

最後，點擊「確定」即可。

如何在照片上加文字後，讓文字看起來和照片中的人或物交錯在一起？

01 ▸

匯入照片後，點擊「T」，為水平文字工具。

02 ▸

點擊一下畫面，出現可輸入文字的錨點。

03 ▸

輸入「GIRL」文字。

04 ▸

反白輸入的「GIRL」文字。

05 ▶

先點擊❶「字型」，出現下拉式選單後，點擊❷「欲選擇字型」。

06 ▶

輸入文字的字級。

07 ▶

點擊「檢色器（文字顏色）」。

08 ▶

出現視窗，先點擊❶「欲使用顏色」，再點擊❷「確定」。

09 ▶

點擊「☑」，確認修改完成。

10 ▶

點擊「➕」，為移動工具。

11 ▶

以滑鼠左鍵拖曳文字，並移動到人物上方。

12 ▶

點擊文字圖層的「」，以關閉眼睛，以免影響去背。

13 ▶

以圖層遮色片的方式將人物去背。（註：圖層遮色片的去背方法，請參考 P.75。）

14 ▶

點擊「◼」，以開啟眼睛。

15 ▶

點擊文字圖層。

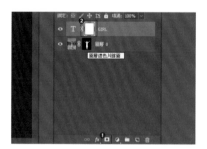

16 ▶

點擊 ❶「◙」，以增加 ❷「遮色片」。

17 ▶　　CTRL / COMMAND

按住「Ctrl（Command）鍵」，再點擊圖層 0 的遮色片縮圖。

18 ▶

如圖，選取出人物的虛線範圍。

19 ▶

點擊「🖌」，為**筆刷工具**。

20 ▶

確認筆刷的不透明度為100%。

21 ▶

確認前景色為黑色後，點選文字圖層。（註：以遮色片來說，黑色是隱藏物件、白色是顯現物件。）

22 ▶

以筆刷塗抹人物的左手及頭部，就能隱藏文字。（註：因是點選在文字圖層上，所以會隱藏文字。）

23 ▶　CTRL／COMMAND＋D

最後，使用快捷鍵Ctrl（Command）+D，取消虛線的選取範圍即可。

要如何在照片裡增加相似色系的幾何圖形？

01 ▸

匯入照片後，點擊「▣」，為**矩形工具**。

02 ▸

在照片下方拖拉出一個矩形。

03 ▸

點擊矩形圖層上的「▣」兩次。

04 ▶

出現「檢色器（純色）」視窗，且此時若將滑鼠移動到畫面上，會變成滴管工具。

05 ▶

以滑鼠左鍵任意點擊畫面上的區域，以吸取顏色。

06 ▶

最後，確認顏色後，點擊「確定」即可。

如何將Ａ照片的人物合成到Ｂ照片的背景裡，並製作出合理的影子？

01 ▸

匯入人物照片後，以圖層遮色片的方式將人物去背。（註：圖層遮色片的去背方法，請參考P.75。）

02 ▸

匯入風景照片。

03 ▸  CTRL / COMMAND + C

點選步驟1已去背的人物圖層，使用快捷鍵Ctrl（Command）+C複製人物。

04 ▸   CTRL / COMMAND + V

回到步驟2的風景照片中，使用快捷鍵Ctrl（Command）+V，以貼上圖層。

05 ▶ `CTRL` / `COMMAND` + `T`

使用快捷鍵 Ctrl（Command）+T，使人物進入可編輯狀態。

06 ▶ `SHIFT`

按住❶「Shift 鍵」，並拖曳控制點，在等比例縮小照片後，移動人物到欲放置處，再點擊❷「☑」。

07 ▶

點擊「⬚」，新增空白圖層 2，用於製作影子。

08 ▶ `CTRL` / `COMMAND`

先按住「Ctrl（Command）鍵」，再以滑鼠左鍵點擊一次圖層 1 上的遮色片。

09 ▶

在圖層 2 上，出現和遮色片相同的選取範圍後，點擊「⬛」，使前景色變成黑色。

10 ▶ `ALT` / `OPTION` + `DELETE`

使用快捷鍵 Alt（Option）+Delete，使選取範圍內填滿前景色。

11 ▸

先點擊 **CTRL** / **COMMAND** + **D**

使用快捷鍵 Ctrl（Command）+D，
取消虛線的選取範圍。

12 ▸

點擊「編輯」，出現下拉式選單。

13 ▸

先點擊 ❶「變形」，出現選單，
點擊 ❷「垂直翻轉」。

14 ▸

點擊「 ✛ 」，為**移動工具**。

15 ▸

將影子移動到人物的下方，並
將影子與人物連接在一起。

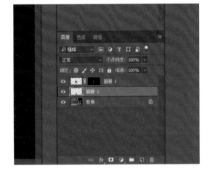

16 ▸

將圖層 2（影子）移動到圖層 1
（人物）的下方。

17 ▶ `SHIFT`

按住❶「Shift鍵」，拖曳控制點，等比例調整影子的長度後，點擊❷「✔」。

18 ▶

點擊❶「▣」，在圖層2增加❷「遮色片」。

19 ▶

點擊「▣」，為**漸層工具**。

20 ▶

點擊❶「⌄」，出現選單，點擊❷「◤」。

21 ▶

以滑鼠左鍵先在畫面下方點擊一下，不放開滑鼠鍵，並往上拖曳一段距離。

22 ▶

最後，放開滑鼠鍵，確認影子呈現漸層的效果即可。

要如何將文字融入背景？

01 ▸

匯入照片後，點擊「T」，為水平文字工具。

02 ▸

點擊一下畫面，出現可輸入文字的錨點後，輸入「BICYCLE」文字。

03 ▸

反白輸入的「BICYCLE」文字。

04 ▸

先點擊❶「字型」，出現下拉式選單後，點擊❷「欲選擇字型」。

05 ▶

輸入文字的字級。

06 ▶

點擊「檢色器（文字顏色）」。

07 ▶

出現視窗，先點擊 ❶「欲使用
顏色」，再點擊 ❷「確定」。

08 ▶

點擊「✔」，確認修改完成。

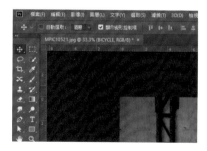

09 ▶

點擊「✛」，為**移動工具**。

10 ▶

將文字移動及旋轉至欲擺放的
位置。

11 ▸

點擊「☑」，確認修改完成。

12 ▸

點擊文字圖層兩下，也可點擊「fx」選單的混合選項。（註：須點擊在沒有圖層名稱的空白處。）

13 ▸

出現視窗，點擊「混合選項」。

14 ▸

將下面圖層的左側的「▲」，為控制點 A，移動到 70 的位置。（註：右側的「△」，為控制點 B。）

15 ▸　　　　　　　ALT ／ OPTION

先按住「Alt（Option）鍵」，再點選步驟 14 的「▲」，即可分裂出控制點 A1、A2。

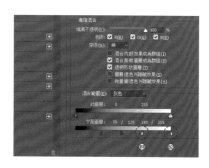

16 ▸

將控制點 A2 移動到 120 的位置。

17 ▸

重複步驟 15-16，將控制點 B1 移動到 180 的位置。

18 ▸

將控制點 B2 移動到 245 的位置。
（註：藉由移動控制點，調整背景的斑駁感滲透文字的程度。）

19 ▸

最後，點擊「確定」即可。

要如何製作出水面倒影？

01 ▶ CTRL / COMMAND + J

匯入照片後，使用快捷鍵Ctrl（Command）+J，拷貝出圖層1。

02 ▶

點擊背景圖層的眼睛，以關閉背景圖層。

03 ▶

點擊圖層1。

04 ▸

點擊「 」，為**筆型工具**。

05 ▸

以筆型工具沿著水面邊緣製作
路徑。

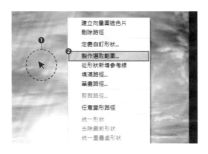

06 ▸

在照片上點擊❶「滑鼠右鍵」，
出現選單後，點擊❷「製作選
取範圍」。

07 ▸

出現視窗，先在羽化強度欄位
輸入❶「0」，再點擊❷「確定」。

08 ▸

如圖，水面範圍的路徑變成虛
線的選取範圍。

09 ▸

點擊「 」，為**矩形選取畫面工具**。

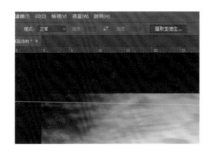

10 ▸

點擊「選取並遮住」。

11 ▸

出現視窗，先點擊❶檢視的
「▾」，出現下拉式選單後，再
點擊❷「描圖紙」。

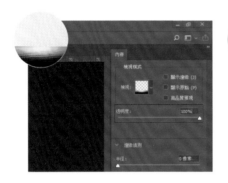

12 ▸

在透明度欄位輸入「100%」。

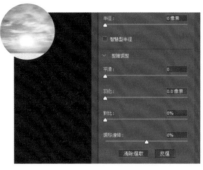

13 ▸

點擊「反選」，使選取範圍反轉
成水面以外的部分。

14 ▸

點擊「✐」，為調整邊緣筆刷工具。

15 ▸

點擊「⊕」，為擴張偵測區域。

16 ▸

以筆刷塗抹原先沒有選取到的
水平面。

17 ▸

點擊「確定」。

18 ▸

如圖，選取範圍已反轉成水面
以外的區域。

19 ▸

點擊❶「▣」，在圖層1增加❷
「遮色片」。

20 ▸

在遮色片上方，點擊❶「滑鼠
右鍵」，出現選單，點擊❷「套
用圖層遮色片」。

21 ▸

點擊背景圖層的「■」，以顯示
圖層。

22 ▶

點擊背景圖層的「🔒」，使背景圖層進入可編輯狀態。（註：圖層名稱會自動改成圖層0。）

23 ▶

點擊「編輯」，出現下拉式選單。

24 ▶

先點擊❶「變形」，出現選單，點擊❷「垂直翻轉」。

25 ▶

點擊「✛」，為**移動工具**。

26 ▶

按鍵盤上的「↓」鍵，將照片往下移動到呈現倒影的位置。

27 ▶

點擊「濾鏡」，出現下拉式選單。

28 ▸

先點擊❶「模糊」，出現選單，點擊❷「動態模糊」。

29 ▸

在角度欄位輸入「90」。

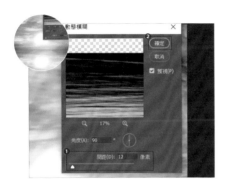

30 ▸

在間距欄位輸入❶「12」後，點擊❷「確定」。

31 ▸

點擊❶「影像」，出現下拉式選單後，點擊❷「調整」，再點擊❸「色彩平衡」。

32 ▸

出現視窗，點擊「中間調」。

33 ▸

在顏色色階欄位分別輸入❶「-50、+10、+50」後，點擊❷「確定」。

34 ▸

點擊❶「濾鏡」，出現下拉式選單後，點擊❷「扭曲」，再點擊❸「波形效果」。

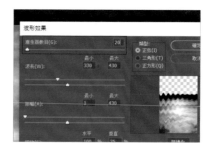

35 ▸

出現視窗，在產生器數目輸入「20」。

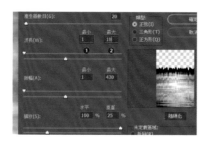

36 ▸

在波長的最小輸入❶「1」；最大輸入❷「10」。（註：波長為設定波紋的左右弧度。）

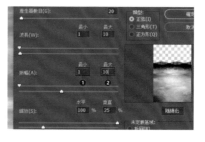

37 ▸

在振幅的最小輸入❶「1」；最大輸入❷「10」。（註：振幅為設定波紋的上下高度。）

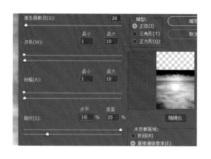

38 ▸

在縮放的水平輸入「10」。（註：縮放為設定波紋的整體呈現。）

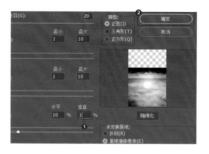

39 ▸

最後，在縮放的垂直輸入❶「1」，點擊❷「確定」即可。

要如何製作出冒煙的效果？

01 ▸

匯入照片後，點擊❶「⬛」，以新增空白圖層，並確認背景色為❷「白色」。

02 ▸ CTRL / COMMAND + DELETE

點擊圖層 1 後，使用快捷鍵 Ctrl（Command）+Delete 填滿背景色為白色。

03 ▸

點擊「濾鏡」，出現下拉式選單。

04 ▸

先點擊❶「演算上色」，出現選單，點擊❷「雲狀效果」。

05 ▶

點擊「濾鏡」，出現下拉式選單。

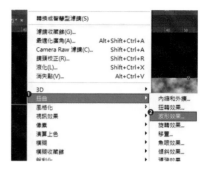

06 ▶

先點擊❶「扭曲」，出現選單，
點擊❷「波形效果」。

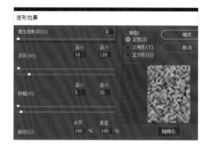

07 ▶

出現視窗，在產生器數目輸入
「3」。

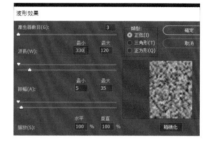

08 ▶

在波長的最小輸入「330」。
（註：波長為設定波紋的弧度。）

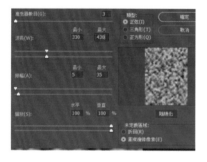

09 ▶

在波長的最大輸入「430」。

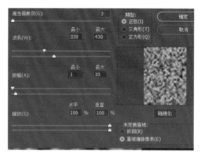

10 ▶

在振幅的最小輸入「1」。（註：
振幅為設定波紋的高度。）

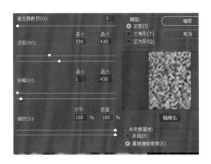

11 ▸

在振幅的最大輸入「430」。

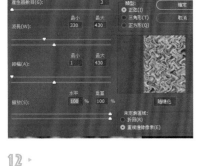

12 ▸

在縮放的水平輸入「100」。(註:
縮放為設定波紋的整體呈現。)

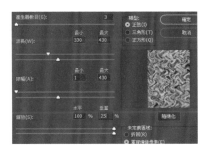

13 ▸

在縮放的垂直輸入「25」。

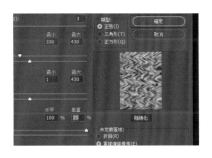

14 ▸

點擊「確定」。

15 ▸

先點擊混合模式的❶「▾」,出
現下拉式選單後,點擊❷「濾
色」。

16 ▸

點擊「濾鏡」,出現下拉式選單。

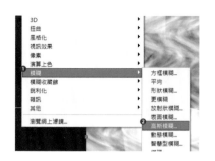

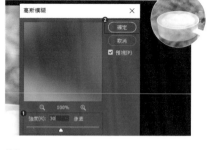

17 ▶

先點擊❶「模糊」，出現選單，點擊❷「高斯模糊」。

18 ▶

出現視窗，先在強度欄位輸入❶「30」，再點擊❷「確定」。(註：強度數值越高，畫面顯現越糊。)

19 ▶

點擊❶「◻」，在圖層1增加❷「遮色片」。

20 ▶

點擊「◢」，為筆刷工具。

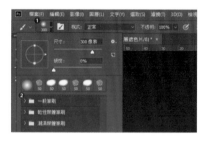

21 ▶

確認前景色為黑色，並點選圖層1(冒煙圖層)。(註：以遮色片來說，黑色是隱藏物件、白色是顯現物件。)

22 ▶

先點擊❶「◼」，出現選單，點擊❷「一般筆刷」。

23 ▸

點擊「柔邊圓形」。

24 ▸

確認不透明的欄位為「100%」。

25 ▸

以筆刷塗抹馬克杯上方以外的區域，使煙的效果只存在於馬克杯上方。（註：因是點選在圖層1上，所以會隱藏煙。）

26 ▸

在不透明的欄位輸入「50%」。

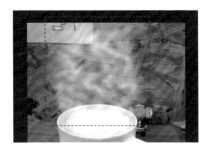

27 ▸

以筆刷稍微塗抹馬克杯上方的煙，使煙的效果更自然。

28 ▸

最後，點擊❶圖層1，在不透明度欄位輸入❷「70%」即可。

要如何製作出火焰？

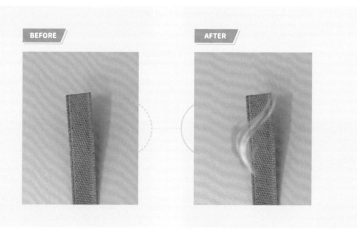

BEFORE AFTER

01 ▶

匯入照片後，點擊「▣」，以新增空白圖層。

02 ▶

點擊圖層1。

03 ▶

點擊「✐」，為筆形工具。

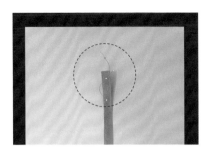

04 ▶

以筆形工具在照片上繪製路徑。

05 ▶

點擊「濾鏡」，出現下拉式選單。

06 ▶

先點擊❶「演算上色」，出現選
單，點擊❷「火焰」。

07 ▶

出現視窗，先點擊火焰類型的
❶「▾」，出現下拉式選單後，
點擊❷「1.沿路徑一個火焰」。

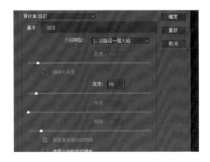

08 ▶

在寬度欄位輸入「70」。

09 ▶

點擊「確定」。

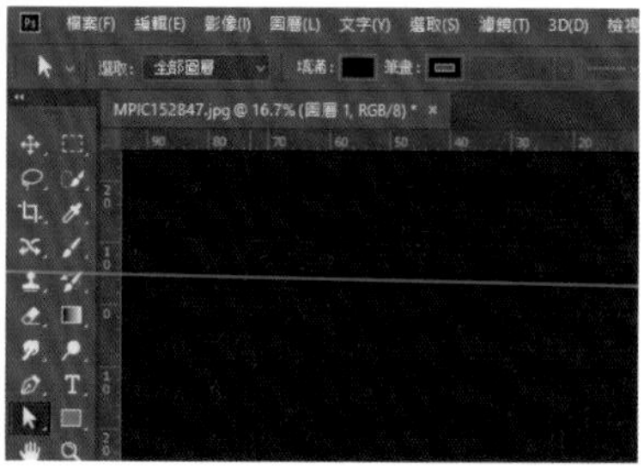

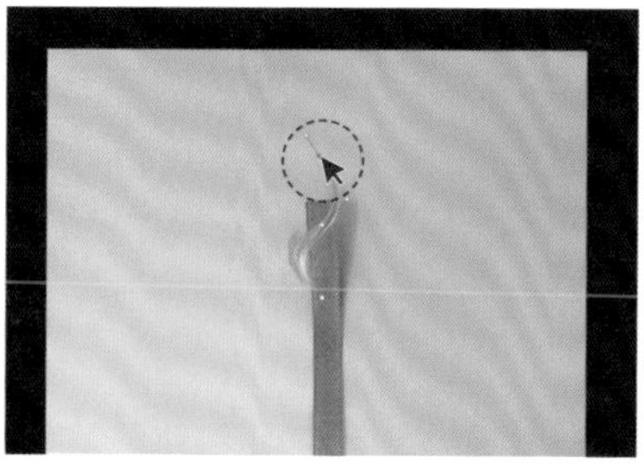

10 ▸

點擊「」，為**直接選取工具**。

11 ▸

點擊路徑。

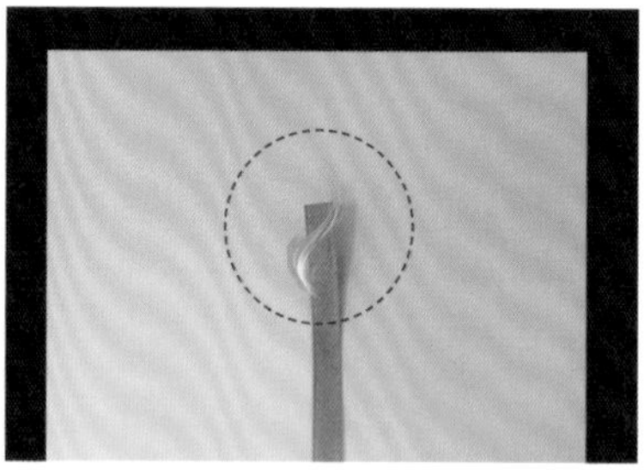

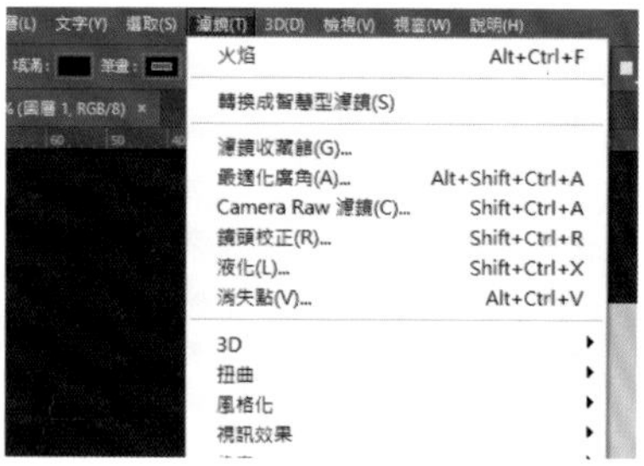

12 ▸ DELETE

按「Delete 鍵」，直到將路徑全部刪除。

13 ▸

點擊「濾鏡」，出現下拉式選單。

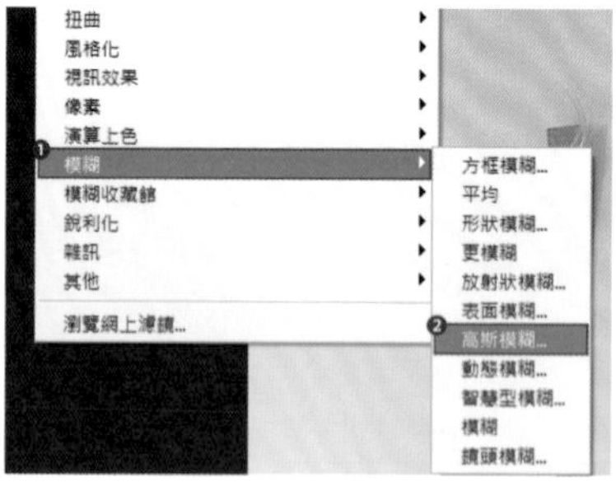

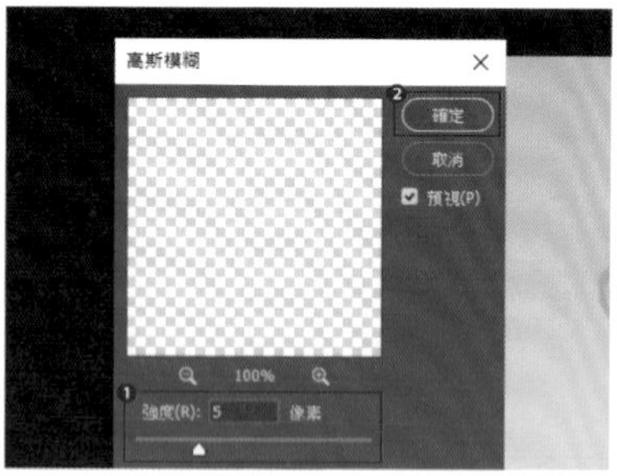

14 ▸

先點擊❶「模糊」，出現選單，點擊❷「高斯模糊」。

15 ▸

最後，出現視窗，先在強度欄位輸入❶「5」，再點擊❷「確定」即可。

製作特殊效果

MAKE SPECIAL EFFECTS

要如何把照片製作成普普藝術的風格？

01 ▶

匯入照片後，點擊「影像」，出現下拉式選單。

02 ▶

點擊❶「調整」，出現選單，點擊❷「亮度／對比」。

03 ▶

出現視窗，將對比設定為❶「100」後，點擊❷「確定」。

04 ▶

點擊「影像」，出現下拉式選單。

05 ▶

點擊❶「調整」，出現選單，點擊❷「色階」。

06 ▶

出現視窗，將「△」往左移動，以調整最亮點。

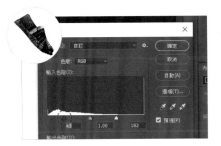

07 ▶

將「△」往右移動，以調整最暗點。

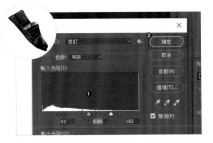

08 ▶

將❶「△」往右移動，以調整中間調後，點擊❷「確定」。

09 ▶

點擊「影像」，出現下拉式選單。

10 ▶

點擊❶「調整」，出現選單，點擊❷「臨界值」。（註：臨界值可將全彩或灰階的影像，調整成反差高的黑白影像。）

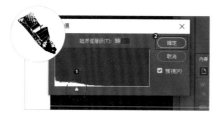

11 ▸

出現視窗，透過移動❶「◯」，使照片變為黑白影像，並調整成能大致看出物件輪廓的黑白比例後，點擊❷「確定」。

12 ▸

點擊「◲」，以新增空白圖層。

13 ▸

點擊背景色的檢色器。

14 ▸

出現❶「檢色器（背景色）」視窗，任意選擇一個顏色後，點擊❷「確定」。（註：此處以紅色為例。）

15 ▸　　`CTRL` / `COMMAND` + `DELETE`

使用快捷鍵Ctrl（Command）+Delete，將背景色填滿空白圖層。

16 ▸

先點擊混合模式的❶「▾」，出現下拉式選單後，點擊❷「差異化」。（註：依對比的強烈度，會有不同結果。）

17 ▸

點擊背景圖層的「🔒」，以解鎖背景圖層。

18 ▸

點擊❶「影像」，出現下拉式選單，點擊❷「版面尺寸」。

19 ▸

出現視窗，勾選「相對」。

20 ▸

分別在❶「寬度」及❷「高度」的欄位，輸入目前尺寸的數值。

21 ▸

點擊❶「九宮格四角的任一個角落位置」後，點擊❷「確定」。

22 ▸

按住「Ctrl（Command）鍵」或「Shift 鍵」後，點選兩個圖層。

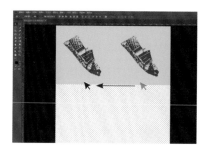

23 ▶

選完圖層後，按住「Alt
（Option）鍵」，以滑鼠左鍵按
住畫面上物件，並往左拖曳，
即可複製出另一張物件。

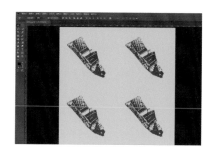

24 ▶

重複步驟22-23，共複製出3張
相同的物件。

25 ▶

點擊欲改變顏色的圖層。

26 ▶

點擊❶「影像」，出現下拉式選
單，先點擊❷「調整」，再點擊
❸「色相／飽和度」。

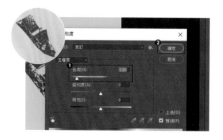

27 ▶

出現視窗，移動❶「色相的滑
桿」，選擇欲使用的顏色後，點
擊❷「確定」。

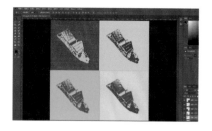

28 ▶

重複步驟25-27，改變其他圖層
顏色。

29 ▸

點擊最上方的圖層。

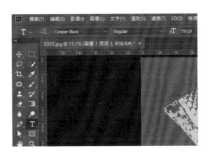

30 ▸

點擊「 **T** 」，為水平文字工具。

31 ▸

點擊一下畫面，出現可輸入
文字的錨點後，輸入「POP
ART」文字。

32 ▸

反白輸入的「POP ART」文字。

33 ▸

點擊「檢色器（文字顏色）」。

34 ▸

出現視窗，先點擊❶「欲使用
顏色」，再點擊❷「確定」。

35 ▸

輸入文字的字級。

36 ▸

先點擊❶「字型」，出現下拉式
選單後；點擊❷「欲選擇字型」。

37 ▸

點擊「✔」，確認修改完成。

38 ▸

點擊「✤」，為**移動工具**。

39 ▸

將文字移動到畫面的中間。

40 ▸

最後，先點擊混合模式的❶
「✔」，出現下拉式選單後，點
擊❷「差異化」即可。

要怎麼把人物照片製作成有對話框的漫畫風格？

01 ▶

匯入照片。

02 ▶

以滑鼠右鍵點擊❶「背景圖層」，出現選單後，點擊❷「轉換為智慧型物件」。

03 ▶ CTRL / COMMAND + J

使用快捷鍵Ctrl（Command）+J，直接拷貝及貼上圖層。

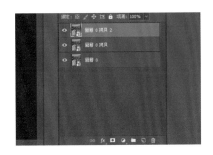

04 ▶

重複步驟3，共複製出2個圖層。

05 ▸

點擊最上層圖層的「👁」，以關閉眼睛。

06 ▸

點擊中間圖層的「👁」，以關閉眼睛。

07 ▸

點擊最下層的圖層。

08 ▸

先點擊❶「濾鏡」，出現下拉式選單後，點擊❷「濾鏡收藏館」。

09 ▸

出現視窗，點擊「藝術風」。

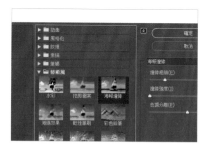

10 ▸

出現選項，點擊「海報邊緣」。

11 ▶

將邊緣粗細、邊緣強度及色調分離的數值都設定為❶「0」後，點擊❷「確定」。

12 ▶

點擊中間圖層的「■」，以開啟眼睛。

13 ▶

點擊「濾鏡」，出現下拉式選單。

14 ▶

先點擊❶「像素」，出現選單，點擊❷「彩色網屏」。

15 ▶

出現視窗，將色板1～4的數值設定成相同數字。（註：任一數字皆可。）

16 ▶

將最大強度設定為❶「16」後，點擊❷「確定」。（註：此數值為網點效果的網點大小，可依個人需求設定大小。）

17 ▶

先點擊混合模式的❶「⌄」，出現下拉式選單後，點擊❷「柔光」。

18 ▶

點擊不透明度的❶「⌄」後，將不透明度的❷「數值調降」。

19 ▶

點擊最上層圖層的「■」，以開啟眼睛。

20 ▶

點擊「濾鏡」，出現下拉式選單。

21 ▶

點擊❶「風格化」，出現選單，點擊❷「尋找邊緣」。

22 ▶

先點擊混合模式的❶「⌄」，出現下拉式選單後，點擊❷「色彩增值」。

23 ▸

點擊不透明度的❶「▾」後，將
不透明度的❷「數值調降」。

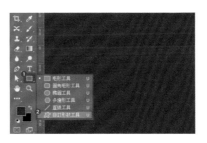

24 ▸

長按❶「■」，出現選單，點擊
❷「自訂形狀工具」。

25 ▸

點擊形狀的❶「▱▾」，出現下拉
式選單，點擊❷「▱」。

26 ▸

點擊❶填滿「■」，出現選單，
點擊❷白色「□」，以設定對話
框內填滿的顏色。

27 ▸

點擊❶筆畫「▱」，出現選單，
點擊❷黑色「■」，以設定對話
框線條的顏色。

28 ▸

直接在畫面上拖曳出對話框的
形狀。

29 ▸

增加對話框的像素，以加粗對話框的線條。

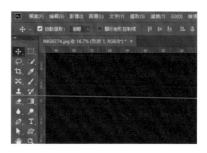

30 ▸

點擊「➕」，為**移動工具**。

31 ▸

最後，以滑鼠左鍵拖曳對話框至人物上方即可。

❶ 點擊「T」，為**水平文字工具**。

❷ 可依個人需求輸入文字，並調整字型、字級、字色即可。（註：文字的調整方法，可參考 P.251 的步驟 31-37。）

要怎麼製作出素描的風格？

01 ▶   CTRL / COMMAND + J

匯入照片 A 後，使用快捷鍵 Ctrl
（Command）+J，直接拷貝及貼
上圖層。

02 ▶

點擊❶「 」，出現選單，點擊
❷「黑白」。

03 ▶

點擊圖層 1。

04 ▶

點擊「影像」，出現下拉式選單。

259

05 ▶

先點擊❶「調整」，出現選單，
點擊❷「負片效果」。

06 ▶

先點擊混合模式的❶「❤」，出
現下拉式選單後，再點擊❷「加
亮顏色」。

07 ▶

點擊「濾鏡」，出現下拉式選單。

08 ▶

先點擊❶「模糊」，出現選單，
點擊❷「高斯模糊」。

09 ▶

先在強度欄位輸入❶「65」，再
點擊❷「確定」。

10 ▶

點擊背景圖層。

11 ▸

先點擊❶「濾鏡」，出現下拉式
選單後，點擊❷「濾鏡收藏館」。

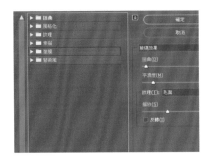

12 ▸

出現視窗，點擊「筆觸」。

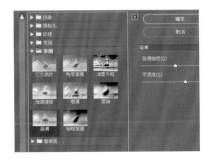

13 ▸

點擊「潑濺」。

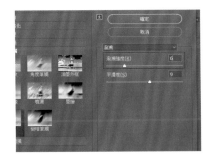

14 ▸

在潑濺強度欄位輸入「6」。

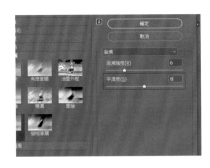

15 ▸

在平滑度欄位輸入「8」。

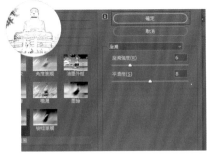

16 ▸

點擊「確定」。

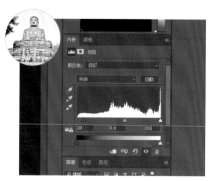

17 ▸

點擊❶「⊘」，出現選單，點擊
❷「色階」。

18 ▸

透過色階增加照片的對比。

19 ▸

匯入照片 B。

20 ▸

回到照片 A，按住「Shift 鍵」，
同時選取所有圖層，並使用快
捷鍵 Ctrl（Command）+C 複製
圖層。

21 ▸

回到照片 B，使用快捷鍵 Ctrl
（Command）+V，貼上所有圖
層。

22 ▸

點擊「✛」，為**移動工具**。

23 ► SHIFT

選取步驟21貼上的所有圖層後，按住「Shift 鍵」，拖曳控制點，將照片A透過縮小、移動及旋轉的方式放在照片B、筆記本的內頁上。

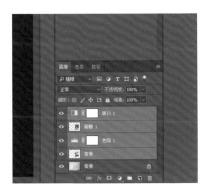

24 ►

在圖層的位置點擊滑鼠右鍵。

25 ►

出現選單，點擊「合併圖層」。

26 ►

先點擊混合模式的❶「▼」，出現下拉式選單後，點擊❷「加深顏色」。

27 ▸

點擊「▣」，為新增遮色片。

28 ▸

點擊遮色片。

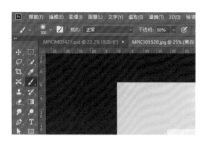

29 ▸

點擊「✎」，為筆刷工具。

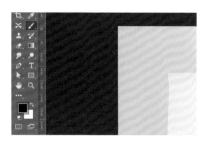

30 ▸

確認前景色為黑色。（註：以遮色片來說，黑色是隱藏物件、白色是顯現物件。）

31 ▸

在不透明欄位輸入「100%」。

32 ▸

最後，以筆刷塗抹黑白照片邊緣及不想顯示的背景區域即可。

要怎麼將照片中的物件製作成多邊形？

01 ▸

匯入照片後，點擊「檢視」，
出現下拉式選單。

02 ▸

先點擊 ❶「顯示」，出現選單，
點擊 ❷「格點」。

03 ▸

點擊「編輯」，出現下拉式選單。

04 ▶

先點擊❶「偏好設定」，出現選單，點擊❷「參考線、格點與切片」。

05 ▶

出現視窗，先點擊顏色的❶「▾」，出現下拉式選單後，點擊❷欲選擇的格點顏色。（註：此處以綠色為例。）

06 ▶

在每格線的欄位輸入「25」。

07 ▶

在細塊的欄位輸入❶「10」後，點擊❷「確定」。

08 ▶

長按❶「◯」，出現選單後，點擊❷「多邊形套索工具」。

09 ▶

點擊「檢視」，出現下拉式選單。

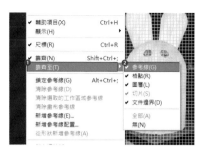

10 ▶

先點擊❶「靠齊至」，出現選單，
確認❷「參考線」是否有勾選。

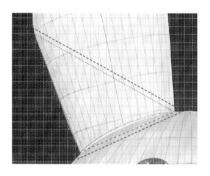

11 ▶

以多邊形套索工具在兔子燈籠
上製作三角形的選取範圍。

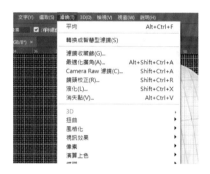

12 ▶

點擊「濾鏡」，出現下拉式選單。

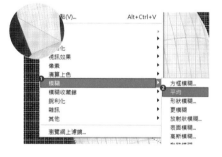

13 ▶

先點擊❶「模糊」，出現選單，
點擊❷「平均」。

14 ▶

選取範圍內填滿顏色後，使用
快捷鍵Ctrl（Command）+J，複
製圖層。

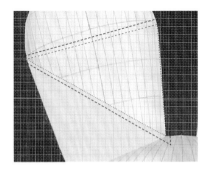

15 ▶

點擊背景圖層後,再製作第二個三角形選取範圍。

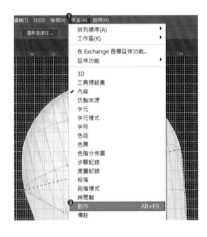

16 ▶

先點擊❶「視窗」,出現下拉式選單後,點擊❷「動作」。(註:此步驟開始,是將步驟13-15製作成一組「動作」,因後續會一直重複這些步驟。)

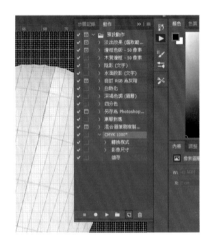

17 ▶

出現視窗,點擊「▣」,為**新增動作**。

18 ▶

出現視窗,在「名稱」欄位輸入新動作的名稱。

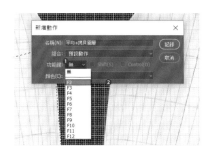

19 ▸

先點擊功能鍵的 ❶「✅」，出現
下拉式選單後，點擊 ❷「F2」。
（註：此處是將 F2 設定為新動作
的快捷鍵。）

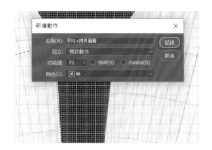

20 ▸

點擊「記錄」。（註：點擊「記錄」
後，所有操作步驟都會被記錄在
設定的動作中。）

21 ▸

點擊「濾鏡」，出現下拉式選單。

22 ▸

先點擊 ❶「模糊」，出現選單，
點擊 ❷「平均」。

23 ▸　　CTRL / COMMAND + J

選取範圍內填滿顏色後，使用
快捷鍵 Ctrl（Command）+J，複
製圖層。

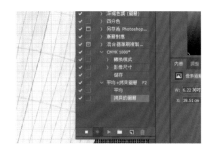

24 ▸

點擊「⬤」，結束記錄動作。

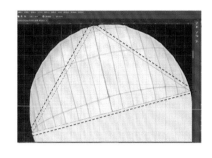

25 ▸

點擊背景圖層後，再製作第三個
三角形選取範圍。

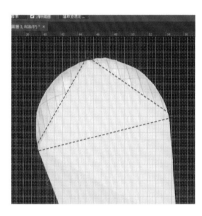

26 ▸

使用快捷鍵 F2，完成填滿選取範
圍並複製圖層。

27 ▸

重複步驟 25-26，直到兔子燈籠
被多邊形完全覆蓋。

28 ▸

點擊「檢視」，出現下拉式選單。

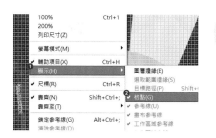

29 ▸

先點擊❶「顯示」，出現選單，點擊❷「格點」，使格點消失。

30 ▸

點擊背景圖層的「 👁 」，以關閉背景照片。

31 ▸

點擊❶「 🔲 」，以新增❷「空白圖層」。

32 ▸

點擊「 🪣 」，為油漆桶工具。

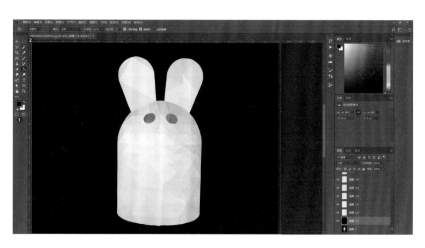

33 ▸

最後，確認前景色為❶「黑色」，並以❷「油漆桶工具在空白圖層填滿顏色」即可。（註：若要選擇其他顏色，可點擊前景色的檢色器並進行調整。）

製作特殊效果

要如何製作出像黑白電影般的效果？

BEFORE

AFTER

01 ▶

匯入照片後，點擊「影像」，出現下拉式選單。

02 ▶

先點擊❶「調整」，出現選單，點擊❷「黑白」。

03 ▶

出現視窗，先點擊預設集的❶「✓」，出現下拉式選單後，點擊❷「預設」。

04 ▸

點擊「確定」。

05 ▸

點擊「濾鏡」，出現下拉式選單。

06 ▸

先點擊❶「模糊」，出現選單，
點擊❷「動態模糊」。

07 ▸

在角度欄位輸入「-90」。

08 ▸

在間距欄位輸入❶「5」後，點擊
❷「確定」。

09 ▸

點擊「■」，為**建立新圖層**。

10 ▸

點擊圖層 1。

11 ▸

長按❶「■」後，出現選單，點擊❷「油漆桶工具」。

12 ▸

確認前景色為黑色。

13 ▸

點擊畫面，以油漆桶工具將圖層 1 填滿黑色。

14 ▸

先點擊❶「濾鏡」，出現下拉式選單後，點擊❷「濾鏡收藏館」。

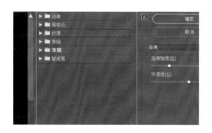

15 ▸

出現視窗，點擊「紋理」。

16 ▸

點擊「粒狀紋理」。

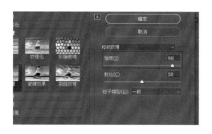

17 ▸

在強度欄位輸入「90」。

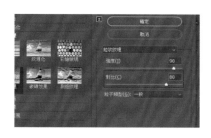

18 ▸

在對比欄位輸入「80」。

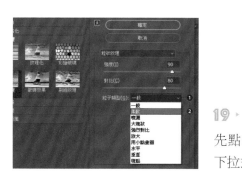

19 ▸

先點擊粒子類型的 ❶「 ▾ 」，出現
下拉式選單後，點擊 ❷「柔軟」。

20 ▸

點擊「 ▣ 」，為新增效果圖層。

21 ▸

點擊「素描」。

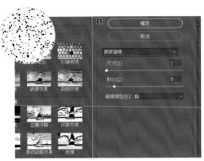

22 ▸

點擊「網屏圖樣」。

23 ▸

在尺寸欄位輸入「4」。

24 ▸

在對比欄位輸入「8」。

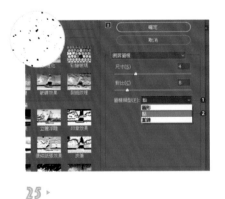

25 ▸

先點擊圖樣類型的❶「▾」，出現
下拉式選單後，點擊❷「點」。

26 ▸

點擊「▣」，為新增效果圖層。

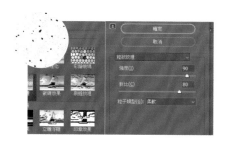

27 ▶

點擊「粒狀紋理」。

28 ▶

在強度欄位輸入「90」。

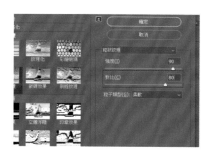

29 ▶

在對比欄位輸入「80」。

30 ▶

先點擊粒子類型的❶「⌄」，出現下拉式選單後，點擊❷「垂直」。

31 ▶

點擊「確定」。

32 ▶

最後，點擊混合模式的❶「⌄」，出現下拉式選單後，點擊❷「色彩增值」即可。

如何在陰天或雨後的照片中，製作正在下雨的效果？

BEFORE

AFTER

01 ▸

匯入照片後，點擊❶「□」，以新增❷「空白圖層」。

02 ▸

確認前景色為黑色後，點選圖層1。

03 ▸ ALT / OPTION + DELETE

使用快捷鍵Alt（Option）+ Delete，使圖層1填滿黑色。

04 ▸

以滑鼠右鍵點擊圖層1。

05 ▶

出現選單後，點擊「轉換為智慧型物件」。

06 ▶

將圖層1重新命名為「下雨」。
（註：更名圖層可增加判別度。）

07 ▶

點擊「濾鏡」，出現下拉式選單。

08 ▶

點擊 ❶「像素」，出現選單，點擊 ❷「點狀化」。

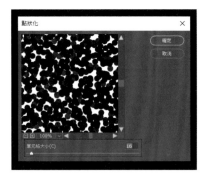

09 ▶

出現視窗，設定單元格大小。
（註：數值越大，白點越大，而此處的白點為雨點的大小。）

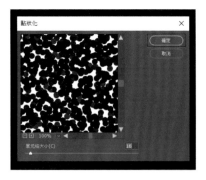

10 ▶

點擊「確定」。

11 ▶

點擊「濾鏡」，出現下拉式選單。

12 ▶

點擊❶「模糊」，出現選單，點擊❷「動態模糊」。

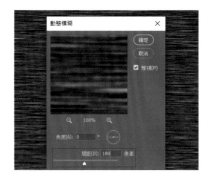

13 ▶

出現視窗，調整間距大小。（註：數值越大，白點會變成白線，而此處的白線為雨水。）

14 ▶

調整❶「欲使用的角度」後，點擊❷「確定」。（註：藉由調整角度，設定為直落或斜落的雨水。）

15 ▶

先點擊混合模式的❶「▾」，出現下拉式選單後，點擊❷「濾色」。

16 ▶

先點擊❶「編輯」，出現下拉式選
單後，點擊❷「任意變形」。

17 ▶

出現視窗，點擊「確定」。

18 ▶

拖曳控制點，以放大下雨圖層，使
圖層邊緣遠離照片的四周。（註：
因下雨圖層的邊緣會出現不自然的白
色，看起來會不像雨水，所以要讓不
自然的白色移動到畫面外。）

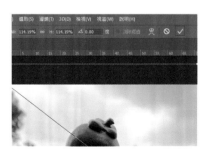

19 ▶

點擊「☑」。

20 ▶

先點擊❶「🖉」，出現選單，點擊❷「色相／飽和度」。

21 ▶

將飽和度設定為「-100」。（註：因下雨圖層的點狀化，本身含有少量的彩色，因此須透過調整飽和度，使雨水變成單純的白色。）

22 ▶

點擊「🖿」，讓此調整圖層，只會影響到下雨圖層。

23 ▶

先點擊❶「🖉」，出現下拉式選單後，點擊❷「亮度／對比」。

24 ▶

點擊「🖿」，讓此調整圖層只會影響下雨圖層。

25 ▶

最後，透過調整亮度及對比的數值，調整畫面中的雨勢大小即可。

如何將在雪景的照片中，製作正在下雪的效果？

BEFORE

AFTER

---

01 ▶

匯入照片後，點擊❶「□」，以新增❷「空白圖層」。

02 ▶

確認前景色為黑色，並點選圖層 1。

---

03 ▶

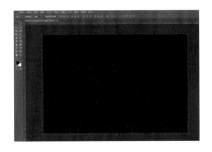

ALT / OPTION + DELETE

使用快捷鍵 Alt（Option）+ Delete，使圖層 1 填滿黑色。

04 ▶

以滑鼠右鍵點擊圖層 1。

05 ►

出現選單後，點擊「轉換為智慧型物件」。

06 ►

將圖層1重新命名為「下雪」。
（註：更名圖層可增加判別度。）

07 ►

點擊「濾鏡」，出現下拉式選單。

08 ►

點擊❶「像素」，出現選單，點擊❷「點狀化」。

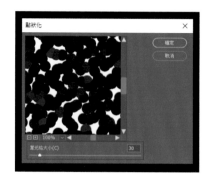

09 ►

出現視窗，設定單元格大小。（註：數值越大，白點越大，而此處的白點為雪點的大小；通常雪點會比雨點大。）

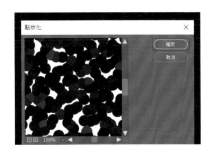

10 ▸

點擊「確定」。

11 ▸

點擊「濾鏡」，出現下拉式選單。

12 ▸

點擊❶「模糊」，出現選單，點擊❷「動態模糊」。

13 ▸

出現視窗，調整間距大小。（註：數值越大，白點會變成白線，且此處的白線為雪點；通常雪的間距會比雨小。）

14 ▸

調整❶「欲使用的角度」後，點擊❷「確定」。（註：可藉由調整角度，設定為直落或斜落的雪點。）

15 ▸

先點擊混合模式的❶「✓」，出現下拉式選單後，點擊❷「濾色」。

16 ▸

先點擊❶「編輯」，出現下拉式
選單後，點擊❷「任意變形」。

17 ▸

出現視窗，點擊「確定」。

18 ▸

拖曳控制點，以放大下雪圖層，
使圖層邊緣遠離照片的四周。（註：
因下雪圖層的邊緣會出現不自然的
白色，看起來會不像雪，所以要讓
不自然的白色移動到畫面外。）

19 ▸

點擊「☑」。

20 ▸

點擊「濾鏡」，出現下拉式選單。

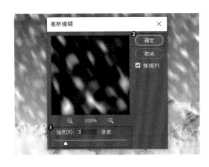

21 ▶

點擊❶「模糊」，出現選單，點擊❷「高斯模糊」。

22 ▶

出現視窗，設定❶「模糊的強度」後，點擊❷「確定」。（註：建議最多不要超過3。）

23 ▶

點擊❶「◢」，出現選單，點擊❷「色相／飽和度」。

24 ▶

將飽和度設定為「-100」。（註：因下雪圖層的點狀化，本身含有少量的彩色，因此須透過調整飽和度，使雪變成單純的白色。）

25 ▶

點擊「◢」，使此調整圖層只會影響下方的下雪圖層。

26 ▸

點擊❶「🔘」，出現選單，點擊
❷「亮度／對比」。

27 ▸

點擊「🔲」，使此調整圖層，只
會影響下方的下雪圖層。

28 ▸

透過調整亮度及對比的數值，
可調整畫面中下雪效果的大小。

29 ▸

點擊背景圖層。

30 ▸

先點擊❶「🔘」，出現選單，點
擊❷「色相／飽和度」。

31 ▸

最後，稍微降低飽和度即可。

TOPICS

如何讓風景照只出現在
指定物件的範圍裡？

01 ▶

匯入人物照片後，以圖層遮色片的方式將物件去背，為物件A。
（註：圖層遮色片的去背方法，請參考P.75。）

02 ▶

先點擊❶「檔案」，出現下拉式選單後，點擊❷「置入嵌入的物件」。

03 ▶

出現視窗，點擊❶「欲置入風景照片」後，點擊❷「置入」。

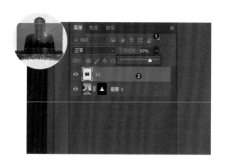

04 ▶

點擊不透明度的❶「▾」，將不
透明度的❷「數值調降」，以便
看清下方圖層。

05 ▶

調整風景照片的位置，將欲保
留的景色放在物件A範圍內。
（註：須確定風景照片的位置有蓋
過物件A。）

06 ▶

點擊「✔」，確認修改完成。

07 ▶

點擊不透明度的❶「▾」，將
風景照片的不透明度調回❷
「100％」。

08 ▶

在風景圖層點擊滑鼠右鍵。

09 ▶

最後，出現選單，點擊「建立剪
裁遮色片」即可。

如何將人物照和風景照,有漸層感的重疊在同一個畫面中?

01 ▶

匯入人物照片後,以圖層遮色片的方式將人物去背。(註:圖層遮色片的去背方法,請參考P.75。)

02 ▶

先點擊❶「檔案」,出現下拉式選單後,點擊❷「置入嵌入的物件」。

03 ▶

出現視窗,點擊❶「欲置入的風景照片」後,點擊❷「置入」。

04 ▶

點擊不透明度的❶「▾」,將不透明度的❷「數值調降」,以便看清下方圖層。

05 ▸

調整風景照片位置，將欲保留
的景色放在去背人物範圍內。

（註：須確定風景照片的位置有蓋
過去背人物。）

06 ▸

點擊「☑」，確認修改完成。

07 ▸

點擊不透明度的❶「☑」，將
風景照片的不透明度調回❷
「100%」。

08 ▸

在風景圖層上，點擊滑鼠右鍵。

09 ▸

點擊「建立剪裁遮色片」。

10 ▸

如圖，剪裁遮色片建立完成。

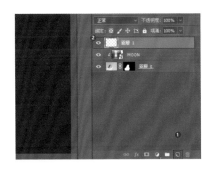

11 ▶

點擊❶「🔲」，以❷「新增圖層」。

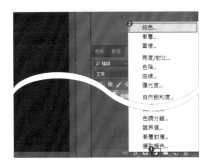

12 ▶

點擊❶「🖋」，出現選單，點擊❷「純色」。

13 ▶

出現視窗，點擊❶「欲選擇的背景底色」後，點擊❷「確定」。

14 ▶

將色彩填色的圖層移動到最下層。

15 ▶

先點擊❶「檔案」，出現下拉式選單後，點擊❷「置入嵌入的物件」。

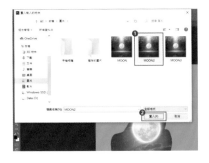

16 ▶

出現視窗，選擇❶「欲置入風景圖片」後，點擊❷「置入」。

（註：先將MOON複製並重新命名成MOON2、MOON3，後續操作時，圖層會較清楚。）

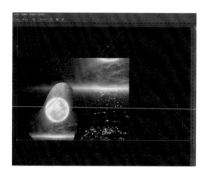

17 ▸ SHIFT

按住「Shift 鍵」，並拖曳控制點，將風景圖片拉大至填滿背景。（註：為了避免畫面中出現重複的月亮，所以需故意放大且將月亮的位置放在畫面之外。）

18 ▸

點擊「✔」，確認修改完成。

19 ▸

先點擊混合模式的❶「▾」，出現下拉式選單後，點擊❷「線性光源」。（註：可依個人喜好選擇欲呈現的效果。）

20 ▸

點擊不透明度的❶「▾」，透過設定❷「不透明度的數值」，調整背景想呈現的效果。

21 ▸

點擊「色彩填色」圖層。

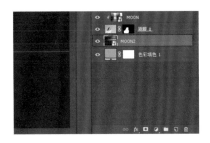

22 ▶

出現視窗，選擇❶「不同於背景的顏色」，使背景呈現不同感覺後，點擊❷「確定」。

23 ▶

點擊圖層 MOON2。

24 ▶

點擊❶「▣」，以❷「新增遮色片」。

25 ▶

點擊「▣」，為漸層工具。

26 ▶

確認前景色為「黑色」；背景色為「白色」。

27 ▶

在畫面上拖曳一段距離後，放開滑鼠左鍵，即可製造出漸層效果。（註：可調整滑鼠拖曳的方向、長度等，製造出不同漸層效果。）

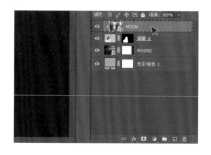

28 ▶

點擊圖層 MOON。

29 ▶

點擊❶「□」，以❷「新增遮色片」。

30 ▶

重複步驟28-29，在人物上製造漸層效果，使人物逐漸變成背景的漸層效果。

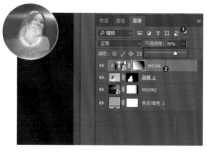

31 ▶

點擊不透明度的❶「∨」，透過設定❷「不透明度的數值」，調整背景想呈現的效果。

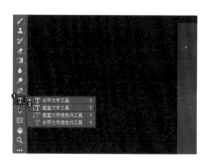

32 ▶

長按❶「T」，出現選單，點擊❷「垂直文字工具」。

33 ▶

點擊一下畫面，出現可輸入文字的錨點後，輸入「GOOD NIGHT」文字。

34 ▸

反白輸入的「GOOD NIGHT」文字。

35 ▸

先點擊❶「字型」，出現下拉式選單後；點擊❷「欲選擇字型」。

36 ▸

輸入文字的字級。

37 ▸

點擊「▇」。

38 ▸

出現檢色器（文字顏色）後，點擊❶「▢」，並按❷「確定」。

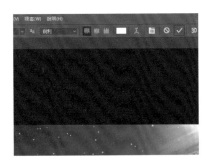

39 ▸

點擊「✔」，確認修改完成。

40 ▸

點擊「　　」，為**移動工具**。

41 ▸

以滑鼠左鍵拖曳文字，並移動
到欲擺放位置。

42 ▸

先點擊❶「檔案」，出現下拉式
選單後，點擊❷「置入嵌入的
物件」。

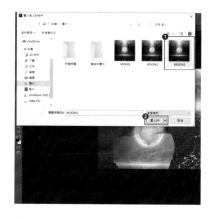

43 ▸

出現視窗，選擇❶「欲置入風
景圖片」後，點擊❷「置入」。

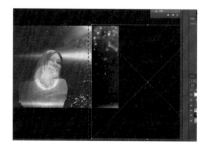

44 ▸

按住「Shift鍵」，將風景圖片拉大
至可完全遮住文字。

45 ▸

點擊「☑」，確認修改完成。

46 ▸

在圖層 MOON3 上，點擊滑鼠右鍵。

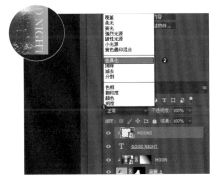

47 ▸

出現選單，點擊「建立剪裁遮色片」。

48 ▸

先點擊混合模式的❶「☑」，出現下拉式選單後，點擊❷「差異化」。（註：可依個人喜好選擇欲呈現的效果。）

49 ▸

最後，點擊不透明度的❶「☑」，透過設定❷「不透明度的數值」，調整背景想呈現的效果即可。

新手操作指南：

Photoshop

── 去背、修圖、合成等基礎技巧懶人包

書　　名	Photoshop 新手操作指南：去背、修圖、合成等基礎技巧懶人包
作　　者	盧‧納特
主　　編	譽緻國際美學企業社‧莊旻嬪
助理編輯	譽緻國際美學企業社‧許雅容
美　　編	譽緻國際美學企業社‧羅光宇
封面設計	洪瑞伯
部分照片提　　供	魏三峰
發 行 人	程顯灝
總 編 輯	盧美娜
美術編輯	博威廣告
製作設計	國義傳播
發 行 部	侯莉莉
財 務 部	許麗娟
印　　務	許丁財
法律顧問	樸泰國際法律事務所許家華律師
藝文空間	三友藝文複合空間
地　　址	106 台北市安和路 2 段 213 號 9 樓
電　　話	（02）2377-1163
出 版 者	四塊玉文創有限公司
總 代 理	三友圖書有限公司
地　　址	106 台北市安和路 2 段 213 號 9 樓
電　　話	（02）2377-4155、（02）2377-1163
傳　　真	（02）2377-4355、（02）2377-1213
E-mail	service@sanyau.com.tw
郵政劃撥	05844889 三友圖書有限公司

總 經 銷	大和圖書股份有限公司
地　　址	新北市新莊區五工五路 2 號
電　　話	（02）8990-2588
傳　　真	（02）2299-7900
初　　版	2023 年 08 月
定　　價	新臺幣 450 元
I S B N	978-626-7096-38-3（平裝）

國家圖書館出版品預行編目（CIP）資料

Photoshop新手操作指南：去背、修圖、合成等基礎技巧懶人包/盧.納特作. -- 初版. -- 臺北市：四塊玉文創有限公司, 2023.08
　　面；　公分
　　ISBN 978-626-7096-38-3(平裝)

1.CST: 數位影像處理

312.837　　　　　　　　　　　　112007840

三友官網

三友 Line@

五味八珍的餐桌
品牌故事

60 年前，傅培梅老師在電視上，示範著一道道的美食，引領著全台的家庭主婦們，第二天就能在自己家的餐桌上，端出能滿足全家人味蕾的一餐，可以說是那個時代，很多人對「家」的記憶，對自己「母親味道」的記憶。

程安琪老師，傳承了母親對烹飪教學的熱忱，年近 70 的她，仍然為滿足學生們對照顧家人胃口與讓小孩吃得好的心願，幾乎每天都忙於教學，跟大家分享她的烹飪心得與技巧。

安琪老師認為：烹飪技巧與味道，在烹飪上同樣重要，加上現代人生活忙碌，能花在廚房裡的時間不是很穩定與充分，為了能幫助每個人，都能在短時間端出同時具備美味與健康的食物，從 2020 年起，安琪老師開始投入研發冷凍食品。

也由於現在冷凍科技的發達，能將食物的營養、口感完全保存起來，而且在不用添加任何化學元素情況下，即可將食物保存長達一年，都不會有任何質變，「急速冷凍」可以說是最理想的食物保存方式。

在歷經兩年的時間裡，我們陸續推出了可以用來做菜，也可以簡單拌麵的「鮮拌醬料包」、同時也推出幾種「成菜」，解凍後簡單加熱就可以上桌食用。

我們也嘗試挑選一些熟悉的老店，跟老闆溝通理念，並跟他們一起將一些有特色的菜，製成冷凍食品，方便大家在家裡即可吃到「名店名菜」。

傳遞美味、選材惟好、注重健康，是我們進入食品產業的初心，也是我們的信念。

冷凍醬料做美食

程安琪老師研發的冷凍調理包，讓您在家也能輕鬆做出營養美味的料理。

冷凍醬料的 5 大優點

省調味 × 超方便 × 輕鬆煮 × 多樣化 × 營養好

選用國產天麴豬，符合潔淨標章認證要求，我們在材料和製程方面皆嚴格把關，保證提供令大眾安心的食品。

| 三友官網 | 五味八珍的餐桌官網 | 五味八珍的餐桌 FB | 程安琪鮮拌味 FB | 程安琪入廚40 年 FB | 五味八珍的餐桌 LINE @ |

聯繫客服 電話：02-23771163 傳真：02-23771213

程安琪

冷凍醬料調理包

香菇蕃茄紹子

歷經數小時小火慢熬蕃茄，搭配香菇、洋蔥、豬絞肉，最後拌炒獨家私房蘿蔔乾，堆疊出層層的香氣，讓每一口都衝擊著味蕾。

雪菜肉末

台菜不能少的雪裡紅拌炒豬絞肉，全雞熬煮的雞湯是精華更是秘訣所在，經典又道地的清爽口感，叫人嘗過後欲罷不能。

麻辣紹子

麻與辣的結合，香辣過癮又銷魂，採用頂級大紅袍花椒，搭配多種獨家秘製辣椒配方，雙重美味、一次滿足。

北方炸醬

堅持傳承好味道，鹹甜濃郁的醬香，口口紮實、色澤鮮亮、香氣十足，多種料理皆可加入拌炒，迴盪在舌尖上的味蕾，留香久久。

冷凍家常菜

一品金華雞湯

使用金華火腿（台灣）、豬骨、雞骨熬煮八小時打底的豐富膠質湯頭，再用豬腳、土雞燜燉 2 小時，並加入干貝提升料理的鮮甜與層次。

靠福・烤麩

一道素食者可食的家常菜，木耳號稱血管清道夫，花菇為菌中之王，綠竹筍含有豐富的纖維質。此菜為一道冷菜，亦可微溫食用。

🍴 3 種快速解凍法 🥄

想吃熱騰騰的餐點，就是這麼簡單

1. 回鍋解凍法
將醬料倒入鍋中，用小火加熱至香氣溢出即可。

2. 熱水加熱法
將冷凍調理包放入熱水中，約 2 ～ 3 分鐘即可解凍。

3. 常溫解凍法
將冷凍調理包放入常溫水中，約 5 ～ 6 分鐘即可解凍。

私房菜

純手工製作，交期較久，如有需要請聯繫客服
02-23771163

程家大肉

紅燒獅子頭

頂級干貝 XO 醬